JIDIAN YITIHUA
XITONG SHEJI YU YINGYONG

机电一体化
系统设计与应用

何一文　毛翠丽/著

中国水利水电出版社
www.waterpub.com.cn

内 容 提 要

本书综合了机电一体化相关内容,系统地介绍了机电一体化系统的设计过程。从传统机械系统设计入手,逐步综合机械技术和电子技术,达到机电融合设计。同时,通过典型的机电一体化系统设计实例,使读者能快速掌握机电一体化系统的设计思路和设计方法。

图书在版编目(CIP)数据

机电一体化系统设计与应用/何一文,毛翠丽著
.--北京:中国水利水电出版社,2014.8(2022.9重印)
ISBN 978-7-5170-2353-1

Ⅰ.①机… Ⅱ.①何…②毛… Ⅲ.①机电一体化—
系统设计 Ⅳ.①TH-39

中国版本图书馆 CIP 数据核字(2014)第 188564 号

策划编辑:杨庆川　责任编辑:张玉玲　封面设计:马静静

书　　名	机电一体化系统设计与应用
作　　者	何一文　毛翠丽　著
出版发行	中国水利水电出版社
	(北京市海淀区玉渊潭南路 1 号 D 座 100038)
	网址:www.waterpub.com.cn
	E-mail:mchannel@263.net(万水)
	sales@mwr.gov.cn
	电话:(010)68545888(营销中心)、82562819(万水)
经　　售	北京科水图书销售有限公司
	电话:(010)63202643、68545874
	全国各地新华书店和相关出版物销售网点
排　　版	北京鑫海胜蓝数码科技有限公司
印　　刷	天津光之彩印刷有限公司
规　　格	170mm×240mm　16 开本　12 印张　215 千字
版　　次	2015年1月第1版　2022年9月第2次印刷
印　　数	3001-4001册
定　　价	36.00 元

前　言

机电一体化是多学科领域综合交叉的技术密集型系统工程。它是融合检测传感技术、信息处理技术、自动控制技术、伺服驱动技术、精密机械技术、计算机技术和系统总体技术等多种技术于一体的新兴综合性学科。随着机电一体化技术的产生与发展,在世界范围内掀起了机电一体化热潮,它使机械产品向着高技术密集的方向发展。当前,以柔性自动化为主要特征的机电一体化技术发展迅速,水平越来越高。任何一个国家、地区、企业若不拥有这方面的人才、技术和生产手段,就不具备国际、国内竞争所必需的基础。要彻底改变目前我国机械工业面貌,缩小与国外先进国家的差距,必须走发展机电一体化技术之路,这也是当代机械工业发展的必然趋势。

本书是作者总结多年教学和科研经验,并借鉴该领域最新出版的权威技术资料的基础上撰写而成的。书中汇集了作者多年的教学讲义和教学资料,并将机电一体化领域近年来的最新发展成果引入其中。本书内容的选择和章节的设置力求实用,将繁杂分散的内容用清晰简洁的方式融合起来,注重理论与实践相结合,突出工程技术人员在从事机电一体化设计方面的研究和技术开发工作的实用性。

全书共分 8 章,主要内容包括绪论、机电一体化系统的机械系统部件选择与设计、机电一体化系统执行元件的选择与设计、传感检测系统选择与设计、控制系统设计、机电一体化系统的机电有机结合分析与设计、常用机械加工设备的机电一体化改造分析与设计、典型机电一体化系统设计简介等。

机电一体化是一门仍在不断向前发展的技术,相关应用也在日益深入。由于作者学识水平有限,加之时间仓促,书中难免存在疏漏不当之处,恳请广大读者批评指正。

作者
2014 年 9 月

目　　录

第1章 绪 论

机电一体化作为一门综合性学科，涉及的知识领域非常广泛。本章从机电一体化和机电一体化系统及其相关概念出发，使读者建立起机电一体化的理念，并分析它们在系统中所起的作用及其发展对机电一体化技术的影响等。

1.1 机电一体化的概念及关键技术

1.1.1 机电一体化的概念

"机电一体化"是微电子技术向机械工业渗透过程中逐渐形成的一个新概念，是精密机械技术、微电子技术和信息技术等各相关技术有机结合的一种新形式。到目前为止，人们较为接受的"机电一体化"的涵义是日本"机械振兴协会经济研究所"提出的解释："机电一体化乃是在机械的主功能、动力功能、信息功能和控制功能上引进微电子技术，并将机械装置与电子装置用相关软件有机结合而构成系统的总称"。可以说，"机电一体化"是机械技术、微电子技术及信息技术相互交叉、融合（有机结合）的产物。它具有"技术"与"产品"两方面的内容，首先是机电一体化技术，主要包括技术原理使机电一体化产品（或系统）得以实现、使用和发展的技术。其次是机电一体化"产品"，该"产品"主要是机械系统（或部件）与微电子系统（或部件与软件）相互置换或有机结合而构成的新的"系统"，且赋予其新的功能和性能的新一代产品。

"机电一体化"打破了传统的机械工程、电子工程、信息工程、控制工程等旧学科的分类，形成了融机械技术、电子技术、信息技术等多种技术为一体，从系统的角度分析与解决问题的一门新兴的交叉学科。

机电一体化的发展有一个从自发状况向自为方向发展的过程。早在"机电一体化"这一概念出现之前，世界各国从事机械总体设计、控制功能设计和生产加工的科技工作者，已为机械技术与电子技术的有机结合自觉不自觉地做了许多工作，如电子工业领域的通信电台的自动调谐系统、计算机外围设备和雷达伺服系统、天线系统，机械工业领域的数控机床，以及导弹、人造卫星的导航系统等，都可以说是机电一体化系统。目前人们已经开始认识到机电一体化并不是机械技术、微电子技术、软件技术以及其他新技术的简单组合、拼凑，而是有机地相互结合或融合，是有其客观规律的。简言之，"机电一体化"这一新兴学科有其技术基础、设计理论和研究方法，只有对其有了充分理解，才能正确地进行机电一体化工作。

1.1.2 机电一体化的关键技术

1.检测传感技术

检测传感器属于机电一体化系统（或产品）的检测传感元件。检测传感器的检测对象有温度、流量、压力、位移、速度、加速度、力和力矩等物理量以及物品的几何参数等，其检测精度的高低直接影响机电一体化产品的性能好坏。因此，要求检测传感器具有高精度、高灵敏度和高可靠性。检测传感器集机、光、电、声、信息等各种技术之大成，从其传感机理、元器件结构设计到制造工艺等都有需要研究和解决的问题。没有精度、质量、品种和数量能满足要求且廉价的检测传感元器件，就不能将机电一体化技术革命推向前进。

2.信息处理技术

信息处理技术包括信息的输入、变换、运算、存储和输出技术。信息处理的硬件包括输入/输出设备、显示器、磁盘、计算机、可编程序控制器和数控装置等。信息处理是否正确及时，直接影响机电一体化产品的质量和效率，因而成为机电一体化产品的关键技术。

3.自动控制技术

自动控制技术包括高精度定位控制、速度控制、自适应控制、自诊断、校正、补偿、再现、检索等技术。这些都是机电一体化技术中十分重要的关键技术。

4.伺服驱动技术

伺服驱动技术主要是指执行元件中的一些技术问题。伺服驱动包括电动、气动、液动等各种类型。伺服驱动技术对产品质量产生直接影响。在机电一体化产品（系统）中，对机电转换部件，如电磁螺线管、电动机、液压马达等执行元件的精度要求更高、可靠性更好、响应速度更快；对直流伺服电动机，要求控制性能更好（高分辨率和高灵敏度）、速度和扭矩特性更稳定；交流调速系统的难点在于变频调速、电子逆变技术、矢量变换技术等。气动和液压系统中,各种元件都存在提高性能、可靠性、标准化以及减轻重量、小型化等多方面的问题。此外,希望执行元件满足小型、重量轻和输出功率大等三个方面的要求,以及提高其对环境的适应性和可靠性。

5.精密机械技术

机电一体化产品对精密机械提出的新要求有:减轻重量、缩小体积、提,高精度、提高刚度、改善动态性能等。减轻重量、缩小体积不能降低机械的刚度,除考虑静态、动态的刚度及热变形的问题外,还要提高导轨面舶刚度。因此,在设计时,要考虑采用新型复合材料和新型结构。为便于维修,要使零件模块化、标准化、规格化。

1.2　机电一体化系统构成要素及功能构成

机电一体化系统(产品)由机械系统(机构)、电子信息处理系统(计算机)、动力系统(动力源)、传感检测系统(传感器)、执行元件系统(如电动机)等五个子系统组成,如图1-1所示。通过传感器直接检测目标运动并进行反馈控制的系统为全闭环系统(图a)。而通过传感器检测某一部位(如伺服电动机等)运动并进行反馈、间接控制目标运动的系统为半闭环系统(图b)。机电一体化系统的基本特征是给"机械"增添了头脑(计算机信息处理与控制),因此是要求传感器技术、控制用接口元件、机械结构、控制软件水平较高的系统。其运动控制不仅仅是线性控制,还有非线性控制、最优控制、学习控制等各种各样的控制。

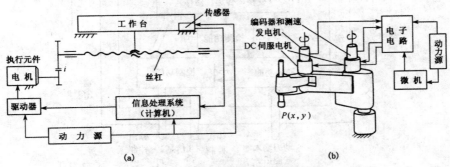

图 1-1　系统(产品)基本构成

机电一体化系统是由若干具有特定功能的机械与微电子要素组成的有机整体,具有满足人们使用要求的功能(目的功能)。根据不同的使用目的,要求系统能对输入的物质、能量和信息(即工业三大要素)进行某种处理,输出所需要的物质、能量和信息。

以能量转换为主,输入能量(或物质)和信息,输出不同能量(或物质)的系统(或产品),称为动力机。其中输出机械能的为原动机,例如电动机、水轮机、内燃机等。

以信息处理为主,输入信息和能量,主要输出某种信息(如数据、图像、文字、声音等)的系统(或产品),称为信息机。例如各种仪器、仪表、计算机、传真机以及各种办公机械等。

无论哪类系统(或产品),其系统内部必须具备图 1-2 所示的五种内部功能,即主功能、动力功能、检测功能、控制功能、构造功能。其中"主功能"是实现系统"目的功能"直接必需的功能,主要是对物质、能量、信息或其相互结合进行变换、传递和存储。"动力功能"是向系统提供动力、让系统得以运转的功能;"检测功能和控制功能"的作用是根据系统内部信息和外部信息对整个系统进行控制,使系统正常运转,实施"目的功能"。而"构造功能"则是使构成系统的子系统及元、部件维持所定的时间和空间上的相互关系所必需的功能。从系统的输入/输出来看,除有主功能的输入/输出之外,还需要有动力输入和控制信息的输入/输出。此外,还有因外部环境引起的干扰输入以及非目的性输出(如废弃物等)。例如汽车的废气和噪音对外部环境的影响,从系统设计开始就应予以考虑。

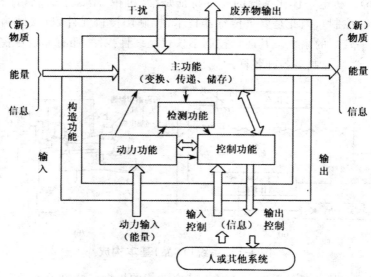

图 1-2 系统的五种内部功能

1.3 机电一体化系统构成要素的相互连接

机电一体化系统(产品)由许多要素或子系统构成,各要素或子系统之间必须能顺利进行物质、能量和信息的传递与交换。为此,各要素或各子系统相接处必须具备一定的联系条件,这些联系条件就可称为接口(interface)。如图 1-2 所示,从系统外部看,机电一体化系统的输入/输出是与人、自然及其他系统之间的接口;从系统内部看,机电一体化系统是由许多接口将系统构成要素的输入/输出联系为一体的系统。从这一观点出发,系统的性能在很大程度上取决于接口的性能,各要素或各子系统之间的接口性能就成为综合系统性能好坏的决定性因素。机电一体化系统是机械、电子和信息等功能各异的技术融为一体的综合系统,其构成要素或子系统之间的接口极为重要,在某种意义上讲,机电一体化系统设计归根结底就是"接口设计"。

广义的接口功能有两种,一种是输入/输出;另一种是变换、调整。根据接口的变换、调整功能,可将接口分成以下 4 种:

(1)零接口

不进行任何变换和调整、输出即为输入等,仅起连接作用的接口,称为零接口。例如:输送管、接插头、接插座、接线柱、传动轴、导线、电缆等。

(2)无源接口

只用无源要素进行变换、调整的接口,称为无源接口。例如:齿轮减速器、进给丝杠、变压器、可变电阻器以及透镜等。

(3)有源接口

含有有源要素、主动进行匹配的接口,称为有源接口。例如:电磁离合器、放大器、光电耦合器、D/A、A/D 转换器以及力矩变换器等。

(4)智能接口

含有微处理器,可进行程序编制或可适应性地改变接口条件的接口,称为智能接口。例如:自动变速装置,通用输入/输出 LSI(8255 等通用 I/O)、GP—IB 总线、STD 总线等。

1.4 机电一体化系统的评价及设计流程

1.4.1 机电一体化系统的评价

机电一体化的目的是提高系统(产品)的附加价值,所以附加价值就成了机电一体化系统（产品）的综合评价指标。机电一体化系统（产品）内部功能的主要评价内容如图 1-3 所示。如果系统（产品）的目的功能未定，那么其具体的评价项目也不好定,此时系统（产品）的高性能化就成为主要评价项目。高可靠性化和低价格化当然是对系统（产品）整体而言的。

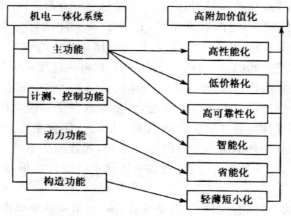

图 1-3　机电一体化系统（产品）的评价内容

　　机电一体化系统（产品）的一大特点是由于机电一体化系统（产品）的微电子装置取代了人对机械的绝大部分的控制功能,并加以延伸和扩大,克服了人体能力的不足和弱点。另一大特点是节省能源和材料消耗。这些特点正是实现机电一体化系统（产品）高性能化、智能化、省能省资源化及轻薄短小化的重要原因,也正是对工业三大要素（物质、能量和信息）的具体贡献,如图 1-4 所示,机电一体化的三大效果是与我国工业发展方向相一致的,也是我国机电一体化技术革命发展的重要原因。

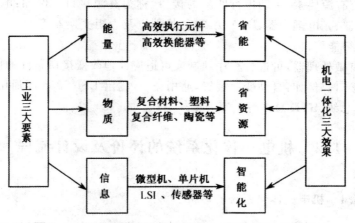

图 1-4　工业三大要素与机电一体化的三大效果

1.4.2 机电一体化系统的设计流程

机电一体化系统(以工作机为主)的设计流程如图 1-5 所示。

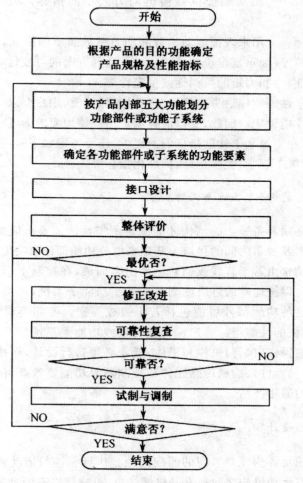

图 1-5 机电一体化系统(产品)设计流程

1. 根据目的功能确定产品规格、性能指标

工作机的目的功能,不外乎是用来改变物质的形状、状态、位置尺寸或特性,归根到底必须实现一定的运动,并提供必要的动力。其基本性能指标主要是指实现运动的自由度数、轨迹、行程、精度、速度、动力、稳定性和自动化程度。用来评价机电一体化产品或系统质量的基本指标,是那些为了满足使用

要求而必须具备的输出参数：

运动参数——用来表征机器工作运动的轨迹、行程、方向和起、止点位置正确性的指标。

动力参数——用来表征机器输出动力大小的指标，如力、力矩和功率等。

品质指标——用来表征运动参数和动力参数品质的指标，例如运动轨迹和行程的精度（如重复定位精度）、运动行程和方向的可变性，运动速度的高低与稳定性，力和力矩的可调性或恒定性等。

以上基本性能指标通常要根据工作对象的性质、用户要求，有时还要通过实验研究才能确定。因此，要以能够满足用户使用要求为度，不需要追求过高的要求，在满足基本性能指标的前提下，还要考虑如下一些指标。工艺性指标、人—机工程学、美学指标、标准化指标等。

2.系统功能部件、功能要素的划分

工作机必须具备适当的结构才能满足所需性能。要形成具体结构，要以各构成要素及要素之间的接口为基础来划分功能部件或功能子系统。复杂机器的运动常由若干直线或回转运动组合而成，在控制上形成若干自由度。因此也可以按运动的自由度划分成若干功能子系统，再按子系统划分功能部件。这种功能部件可能包括若干组成要素。各功能部件的规格要求，可根据整机的性能指标确定。功能要素或功能子系统的选用或设计是指特定机器的操作（执行）机构和机体，通常必须自行设计，而执行元件（电或液、气等驱动元件）、检测传感元件和控制器等功能要素既可自行设计也可选购市售的通用产品。

3.接口的设计

接口问题是各构成要素间的匹配问题。执行元件与运动机构之间、检测传感元件与运动机构之间通常是机械接口，机械接口有两种形式，一种是执行元件与运动机构之间的联轴器和传动轴，以及直接将检测传感元件与执行元件或运动机构联结在一起的联轴器（如波纹管、十字接头等）、螺钉、铆钉等，直接联结时不存在任何运动和运动变换。另一种是机械传动机构，如减速器、丝杠螺母等；控制器与执行元件之间的驱动接口、控制器与检测传感元件之间转换接口，微电子传输、转换电路。因此，接口设计问题也就是机械技术和微电子技术的具体应用问题。

1.5 机电一体化工程与系统工程

给定机电一体化系统(产品)"目的功能"与"规格"后,机电一体化技术人员利用机电一体化技术进行设计、制造的整个过程为机电一体化工程。实施机电一体化工程的结果,是新型的机电一体化产品(系统),或者习惯上所说的机械、电子产品。

系统工程是系统科学的一个工作领域,而系统科学本身是一门关于"针对目的要求而进行合理的方法学处理"的边缘科学,系统工程的概念不仅包括"系统",即具有特定功能的、相互之间具有有机联系的许多要素所构成的一个整体,也包括"工程",即产生一定效能的方法。系统工程是以大系统为对象、以数学方法和大型计算机等为工具,对系统的构成要素、组织结构、信息交换和反馈控制等功能进行分析、设计、制造和服务,从而达到最优设计、最优控制和最优管理的目标,以便充分发挥人力、物力和财力,通过各种组织管理技术,使局部与

整体之间协调配合,实现系统的综合最优化。系统工程是数学方法和工程方法的汇集。

机电一体化工程是系统工程在机电一体化工程中的具体应用。机电一体化技术是从系统工程观点出发,应用机械、微电子技术等有关技术;使机械、电子有机结合,实现系统或产品整体最优的综合性技术。小型的生产、加工系统,即使是一台机器,也都是由许多要素构成的,为了实现其"目的功能",还需要从系统角度出发,不拘泥于机械技术或电子技术,并寄希望于能够使各种功能要素构成最佳结合的柔性技术与方法。机电一体化工程就是这种技术和方法的统一。

1.6 机电一体化系统设计的设计程序、准则及规律

1.设计程序

设计中一般采用三阶段法,即总体设计、部件(零件)的选择与设计或初步设计、技术设计与工艺设计。在试验性设计与计算机辅助设计中,多采用既分阶段又平行兼顾的设计即并行设计,以便相互协调。总体设计程序为:明确设计思想;→分析综合要求→划分功能模块→决定性能参数→调研类似产品→拟定总体方案→方案对比定型→编写总体设计论证书。

2.设计准则

设计准则主要考虑"人、机、材料、成本"等因素,而产品的可靠性、适用性与完善性设计最终可归结于在保证目的功能要求与适当寿命的前提下不断降低成本。以降低成本为核心的设计准则枚不胜举。产品成本的高低,70%决定于设计阶段,因此,在设计阶段可从新产品和现有产品改型两方面采取措施,一是从用户需求出发降低使用成本,二是从制造厂的立场出发降低设计与制造成本。从用户需求出发就是减少综合工程费用,它包括为了让产品在使用保障期内无故障地运行而提高功能率,延长 MTBF(平均故障间隔即到产品发生故障为止,或从一个故障排除后到下一个故障发生时的平均时间),减少因故障停机给用户造成的损失,进一步提高产品的工作能力。

3.设计规律

总结一般机械系统的设计,具有以下规律:根据设计要求首先确定离散元素间的逻辑关系,然后研究其相互间的物理关系,这样就可根据设计要求和手册确定其结构关系,最终完成全部设计工作;其中确定逻辑关系阶段是关键,如逻辑关系不合理,其设计必然不合理。在这一阶段可分两个步骤进行,首先进行功能分解,确定逻辑关系和功能结构,然后建立其物理模型、确定其物理作用关系。所谓功能就是使元素或子系统的输出满足设计要求。一般来说,不能用某种简单结构一下子满足总功能要求。这就需要进行功能分解,总功能可分解成若干子功能,子功能还可以进一步分解,直到功能元素。将这些子功能或功能元素按一定逻辑关系连接,来满足总功能的要求,这样就形成所谓功能结构。

从逻辑角度考虑把总功能分解并连接成功能结构,使实现功能的复杂程度大大降低,因满足比较简单的功能元素的要求比满足总功能的高度抽象要求容易得多。如果将有关功能元素列成一个矩阵形式,则可得到不同连接的数种或数十种系统方案,然后根据符号逻辑运算进行优化筛选,就可得到较理想的系统方案。

1.7 机电一体化系统的开发工程与现代设计方法

1.7.1 机电一体化系统的开发工程

机电一体化系统(产品)种类繁多,涉及的技术领域及其技术的复杂程度不同,系统(产品)设计的类型也有区别。因此,机电一体化系统(产品)开发设计及其商品化过程也各有其具体特点。归纳其基本规律,机电一体化系统(产品)的开发工程之流程如图 1-6 所示。

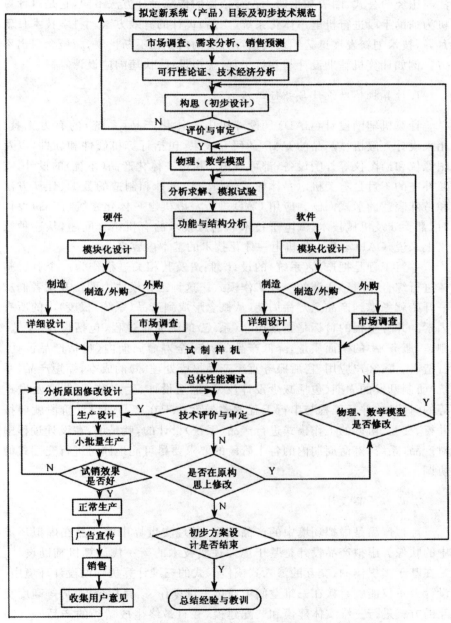

图 1-6　机电一体化系统(产品)开发工程流程

1.7.2 机电一体化系统设计与现代设计方法

机电一体化系统(产品)的种类不同,其设计方法也不同。现代设计方法与用经验公式、图表和手册为设计依据的传统设计方法不同,它是以计算机为辅助手段进行机电一体化系统(产品)设计的有效方法。科学技术日新月异,技术创新发展迅猛。现代设计方法的内涵在不断扩展,新概念层出不穷。例如计算机辅助设计与并行工程、虚拟设计、快速响应设计等。

1.计算机辅助设计与并行工程

计算机辅助设计(CAD)是设计机电一体化产品(系统)的有力工具。用来设计一般机械产品的 CAD 的研究成果,包括计算机硬件和软件,以及图像仪和绘图仪等外围设备,都可以用于机电一体化产品(系统)的设计,需要补充的不过是有关机电一体化系统(产品)设计和制造的数据、计算方法和特殊表达的形式而已。应用 CAD 进行一般机电一体化系统(产品)设计时,都要涉及机械技术、微电子技术和信息技术的有机结合问题,从这种意义上来说,CAD 本身也是机电一体化技术的基本内容之一。

并行工程是把产品(系统)的设计、制造及其相关过程作为一个有机整体进行综合(并行)协调的一种工作模式。这种工作模式力图使开发者们从一开始就考虑到产品全寿命周期(从概念形成到产品(系统)报废)内的所有因素。并行工程的目标是提高产品(系统)的生命全过程(包括设计、工艺、制造、服务)中的全面质量,降低产品(系统)全寿命周期内(包括产品设计、制造、销售、客户应用、售后服务直至产品报废处理等)的成本,缩短产品(系统)研制开发的周期(包括减少设计反复,缩短设计、生产准备、制造及发送等的时间)。并行工程与串行工程的差异就在于在产品的设计阶段就要按并行、交互、协调的工作模式进行产品(系统)设计的,就是说,在设计过程中对产品(系统)寿命周期内的各个阶段的要求要尽可能地同时进行交互式的协调。

2.虚拟产品设计

虚拟产品是虚拟环境中的产品模型,是现实世界中的产品在虚拟环境中的映像。虚拟产品设计是基于虚拟现实技术的新一代计算机辅助设计,是在基于多媒体的、交互的渗入式或侵入式的三维计算机辅助设计环境中,设计者不仅能够直接在三维空间中通过三维操作、语言指令、手势等高度交互的方式进行三维实体建模和装配建模,并且最终生成精确的产品(系统)模型,以支持详细设计与变型设计,同时能在同一环境中进行一些相关分析,从而满足工程设计和应用的需要。

3.快速响应设计

快速响应设计是实现快速响应工程的重要一环。快速响应工程是企业面对瞬息万变的市场环境,不断迅速开发适应市场需求的新产品(系统),以保证企业在激烈竞争环境中立于不败之地的重要工程。实现快速响应设计的关键是有效开发和利用各种产品(系统)信息资源。人们利用迅猛发展的计算机技术、信息技术和通讯技术所提供的对信息资源的高度存储、传播及加工的能力,主要采取三项基本策略,以达到对产品(系统)设计需求的快速响应。

机电一体化产品(系统)的设计,通常可分为新颖性/创新设计和适应性/变异性设计两大类。创新设计也属于前面所讲的开发性设计。无论是创新设计还是变异性设计,均体现了设计人员的创造性思维。快速响应设计就是充分利用已有的信息资源和最新的数字化、网络化工具,用最快的速度进行创新性和变异性设计的机电一体化产品(系统)的设计方法。

第2章 机电一体化系统的机械系统部件选择与设计

机电一体化机械系统的设计和传统的机械系统的设计有很大的不同。传统机械系统一般是由动力元件、传动元件、执行元件三部分,加上电磁、液压和机械控制部分组成;而机电一体化中的机械系统则是"由计算机信息网络协调与控制的,用于完成包括机械力、运动和能量流等动力学任务的机械和机电部件相互联系的系统",其核心是由计算机控制的,包括机、电、液、光、磁等技术的伺服系统。该系统的设计一般从机械传动设计、机械结构设计以及具体设计方法几面考虑。

2.1 机械系统的选择及设计要求

2.1.1 机电一体化对机械系统的要求

机电一体化系统的机械系统与一般的机械系统相比,除要求较高的制造精度外,还应具有良好的动态响应特性,即快速响应和良好的稳定性。

1. 高精度

精度是指系统的输出量对系统的输入量复现的准确程度。精度直接影响产品的质量,尤其是机电一体化产品,其技术性能、工艺水平和功能比普通的机械产品都有很大的提高,因此机电一体化机械系统的高精度是其首要的要求。如果机械系统的精度不能满足要求,则无论机电一体化产品其他系统工作再精确,都很难完成其预定的机械操作。

2. 快速响应

快速响应是指要求机械系统从接到指令到开始执行指令之间的时间间隔短。这样反馈系统才能快速反馈,控制系统才能及时根据机械系统的运行情况得到信息,下达指令,使其准确地完成任务。

3. 良好的稳定性

机电一体化系统稳定性是指系统工作性能不受外界环境的影响和抗干扰的能力。机电一体化系统要求其机械装置在温度、振动等外界干扰的作用下依然能够正常稳定地工作。既系统抵御外界环境的影响和抗干扰能力强。

为确保机械系统的上述特性,在设计中通常提出无间隙、低摩擦、低惯量、高刚度、高谐振频率和适当的阻尼比等要求。此外机械系统还要求具有体积小、重量轻、高可靠性和寿命长等特点。

2.1.2　机械系统的组成

机电一体化机械系统主要包括以下三大机构。

1. 传动机构

机电一体化机械系统中的传动机构不仅仅是转速和转矩的变换器,而且已成为伺服系统的一部分,它要根据伺服控制的要求进行选择设计,以满足整个机械系统良好的伺服性能。因此传动机构除了要满足传动精度的要求,而且还要满足小型、轻量、高速、低噪声和高可靠性的要求。

2. 导向机构

导向机构的作用是支撑和导向,为机械系统中各运动装置能安全、准确地完成其特定方向的运动提供保障,一般指导轨、轴承等。

3. 执行机构

执行机构是用以完成操作任务的直接装置。执行机构根据操作指令的要求在动力源的带动下,完成预定的操作。一般要求它具有较高的灵敏度、精确度,良好的重复性和可靠性。由于计算机的强大功能,使传统的作为动力源的电机发展为具有动力、变速与执行等多重功能的伺服电机,从而大大地简化了传动和执行机构。

除了以上三部分外,机电一体化系统的机械部分通常还包括机座、支架、壳体等。

2.1.3　机械系统的设计理念

机电一体化的机械系统设计主要包括两个环节:静态设计和动态设计。

1. 静态设计

静态设计是指依据系统的功能要求,通过研究制定出机械系统的初步设计方案。该方案只是一个初步的轮廓,包括系统主要零、部件的种类,各部件之间的连接方式,系统的控制方式,所需能源方式等。

有了初步设计方案后,开始着手按技术要求进行稳态设计,设计系统的各组成部件的结构、运动关系及参数;零件的材料、结构、制造精度确定;执行元件(如电机)的参数、功率及过载能力的验算;相关元、部件的选择;系统的阻尼配置等。稳态设计保证了系统的静态特性要求。

2.动态设计

动态设计是研究系统在频率域的特性,是借助静态设计的系统结构,通过建立系统组成各环节的数学模型和推导出系统整体的传递函数,利用自动控制理论的方法求得该系统的频率特性(幅频特性和相频特性)。系统的频率特性体现了系统对不同频率信号的反应,决定了系统的稳定性、最大工作频率和抗干扰能力。

静态设计是忽略了系统自身运动因素和干扰因素的影响状态下进行的产品设计,对于伺服精度和响应速度要求不高的机电一体化系统,静态设计就能够满足设计要求。对于精密和高速智能化机电一体化系统,环境干扰和系统自身的结构及运动因素对系统产生的影响会很大,因此必须通过调节各个环节的相关参数,改变系统的动态特性以保证系统的功能要求。动态分析与设计过程往往会改变前期的部分设计方案,有时甚至会推翻整个方案,要求重新进行静态设计。

2.2　机械传动

机械传动包括各类齿轮传动副、丝杠螺母副、带传动副等各种线性传动部件以及连杆机构、凸轮机构等非线性传动部件。

2.2.1　齿轮传动设计

齿轮传动设计主要包括传动比及其分配两部分内容。

1.总传动比的确定

根据负载特性和工作条件不同,可有不同的最佳传动比选择方案,例如"负载峰值力矩最小"的最佳传动比方案,"负载均方根力矩最小"的最佳传动比方案,"转矩储备最大"的最佳传动比方案等。在伺服系统中,通常根据负载角加速度最大原则来选择总传动比,以提高伺服系统的响应速度。

图 2-1 所示为电动机驱动齿轮系统和负载的计算模型。

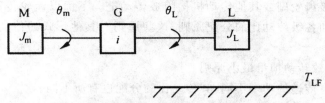

图 2-1　电动机驱动齿轮系统和负载的计算模型

图中，J_m 为电动机 M 转子的转动惯量；θ_m 为电动机 M 的角位移；J_L 为负载 L 的转动惯量；θ_L 为负载 L 的角位移；T_{LF} 为摩擦阻转矩；i 为齿轮系 G 的总传动比。

根据传动关系，有

$$i = \frac{\theta_m}{\theta_L} = \frac{\dot{\theta}_m}{\dot{\theta}_L} = \frac{\ddot{\theta}_m}{\ddot{\theta}_L}$$

式中：θ_m、$\dot{\theta}_m$、$\ddot{\theta}_m$ 为电动机的角位移、角速度、角加速度；θ_L、$\dot{\theta}_L$、$\ddot{\theta}_L$ 为负载的角位移、角速度、角加速度。

T_{LF} 换算到电动机轴上的阻抗转矩为 $\dfrac{T_{LF}}{i}$；J_L 换算到电动机轴上的转动惯量为 $\dfrac{J_L}{i^2}$。设 T_m 为电动机的转矩，根据旋转运动方程，电动机轴上的合转矩 T_a 为

$$T_a = T_m - \frac{T_{LF}}{i} = \left(J_m + \frac{J_L}{i^2}\right)\ddot{\theta}_m = \left(J_m + \frac{J_L}{i^2}\right)i\ddot{\theta}_L$$

则

$$\ddot{\theta}_L = \frac{(T_m i - T_{LF})}{(J_m i^2 + J_L)} = \frac{i T_a}{(J_m i^2 + J_L)}$$

根据负载角加速度最大的原则，令 $\dfrac{d\ddot{\theta}_L}{di} = 0$，解得

$$i = \frac{T_{LF}}{T_m} + \sqrt{\left(\frac{T_{LF}}{T_m}\right)^2 + \frac{J_L}{J_m}}$$

若不计摩擦，即 $T_{LF} = 0$，有

$$i = \sqrt{\frac{J_L}{J_m}}$$

上式表明，齿轮系传动比的最佳值就是 J_L 换算到电动机轴上的转动惯量正好等于电动机转子的转动惯量 J_m，此时，电动机的输出转矩一半用于加速负载，一半用于加速电动机转子，达到了惯性负载和转矩的最佳匹配。

2. 传动链的级数和各级传动比的分配

在机电一体化传动系统中，既要满足总传动比要求，又要使结构紧凑，

常采用多级齿轮副或其他传动机构组成传动链。下面以齿轮传动链为例，探讨级数和各级传动比的分配原则，这些原则对其他形式的传动链具有指导意义。

（1）等效转动惯量最小原则

齿轮系传递的功率不同，其传动比的分配也有所不同。

1）小功率传动装置

以图 2-2 所示的电动机驱动的两级齿轮传动系统为例。为简化起见，假设：传动效率为 100%；各主动小齿轮的转动惯量相同；轴与轴承的转动惯量不计；各齿轮均为同宽度同材料的实心圆柱体。该齿轮系中各转动惯量换算到电动机轴上的等效转动惯量 J_e 为

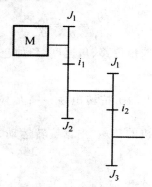

图 2-2　电动机驱动的两级齿轮系

$$J_e = J_1 + \frac{J_1 i_1^4}{i_1^2} + \frac{J_1 i_2^4}{i_1^2 i_2^2} + \frac{J_1}{i_1^2}$$

已知 $J = \frac{1}{2}mR^2 = \frac{\pi b r}{32g}D^4$，$J_1 = \frac{\pi b r}{32g}D_1^4$，$i = i_1 i_2$，$J_2 = \frac{\pi b r}{32g}D_2^4 = \frac{\pi b r}{32g}D_1^4 i_1^4 = J_1 i_1^4$，$J_3 = J_1 i_2^4$ 得

$$J_e = J_1\left(1 + i_1^2 + \frac{1}{i_1^2} + \frac{i_2^2}{i_4^2}\right)$$

令 $\frac{\partial J_e}{\partial i_1} = 0$，有

$$i_2 = \sqrt{\frac{i_1^4 - 1}{2}} \approx \frac{i_1^2}{\sqrt{2}}$$

对于 n 级齿轮系作同类分析，可得

$$i_1 = 2^{\frac{(2^n - n - 1)}{[2(2^n - 1)]}} \cdot i^{\frac{1}{(2^n - 1)}}$$

$$i_k = \sqrt{2}\left(\frac{i}{2^{\frac{n}{2}}}\right)^{\frac{2^{(k-1)}}{(2^n - 1)}}, k = 2 \sim n$$

小功率传动系统的级数可按图 2-3 所示曲线进行选择。图 2-3 所示曲线为以传动级数 n 作参变量，$\dfrac{J_e}{J_1}$ 与总传动比的关系曲线。由图 2-3 可见，为减小齿轮系的转动惯量，过多增加传动级数 n 是没有意义的，反而会增大传动误差，并使结构复杂化。

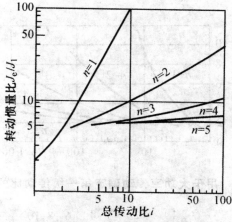

图 2-3　确定小功率传动级数的曲线

2）大功率传动装置

大功率传动装置传递的扭矩大，各级齿轮副的模数、齿宽、直径等参数逐级增加，这时，小功率传动的原则假定不适用。可用图 2-4、图 2-5 和图 2-6 所示的曲线来确定传动级数及各级传动比。传动比分配的基本原则仍应为"前小后大"。

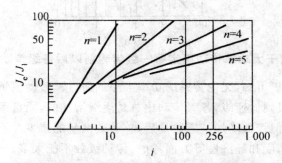

图 2-4　用于大功率传动确定传动级数的曲线

例如设有 $i=256$ 的大功率传动装置，试按等效转动惯量最小原则分配传动比。查图 2-4 得，$n=3$，$\dfrac{J_e}{J_1}=70$；$n=4$，$\dfrac{J_e}{J_1}=35$；$n=5$，$\dfrac{J_e}{J_1}=26$。为兼顾

到 $\dfrac{J_e}{J_1}$ 值的大小和传动装置结构紧凑,选 $n=4$。查图 2-5 得,$i_1=3.3$。查图 2-6,在横坐标 i_{k-1} 上 3.3 处作垂直线与 A 曲线交于第 1 点,在纵坐标 i_k 上查得 $i_2=3.7$。通过该点作水平线与 B 曲线相交得第 2 点,$i_3=4.24$。由第 2 点作垂线与 A 曲线相交得第 3 点,$i_4=4.95$。验算 $i=i_1 i_2 i_3 i_4=256.26$,可用。

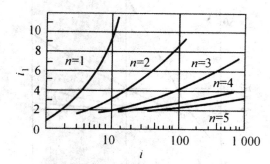

图 2-5   用于大功率传动确定第一级传动比的曲线

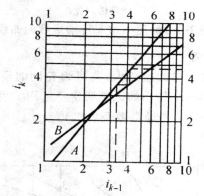

图 2-6   用于大功率传动确定第一级齿轮副以后各级传动比的曲线

由上述分析可知,无论传递的功率大小如何,按"转动惯量最小"原则来分配,从高速级到低速级,各级传动比总是逐级增加的,而且级数越多,总等效惯量越小。但级数增加一定数量后,总等效惯量的减少并不明显,而从结构紧凑、传动精度和经济性等方面考虑,传动级数不能太多。

(2)质量最小原则

质量方面的限制常常是伺服系统设计应考虑的重要问题,特别是用于航空航天设备上的传动装置,按"质量最小"的原则来确定各级传动比就显得十分必要。

1)小功率传动装置

以图 2-2 所示两级齿轮传动系为例,假设条件不变,对于两级齿轮传动,各齿轮的质量之和为

$$W=\pi\rho b\left[\left(\frac{D_1}{2}\right)^2+\left(\frac{D_2}{2}\right)^2+\left(\frac{D_3}{2}\right)^2+\left(\frac{D_4}{2}\right)^2\right]$$

式中,ρ 为材料密度;b 为各齿轮宽度;D_1、D_2、D_3、D_4 分别为各齿轮的计算直径。

假设 $D_1=D_3$,而 $i=i_1 i_2$,有

$$W=\frac{\pi\rho b}{4}D_1^2\left(2+i_1^2+\frac{i^2}{i_1^2}\right)$$

令 $\dfrac{\partial W}{\partial i}=0$,有

$$i_1=i^{\frac{1}{2}}=i_2$$

同理,对于 n 级传动,有

$$i_1=i_2=i_3=\cdots=i_n=i^{\frac{1}{n}}$$

由此可见,对于小功率传动装置,按"质量最小"原则来确定传动比时,其各级传动比是相等的。在假设各主动小齿轮的模数、齿数均相等这样的特殊条件下,各大齿轮的分度圆直径均相等,因而每级齿轮副的中心距也相等。这样便可设计成如图 2-7 所示的回曲式齿轮传动链,其总传动比 $i=39000$。显然,这种结构十分紧凑。

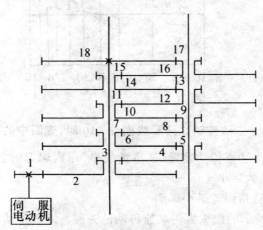

图 2-7　回曲式齿轮传动链

2)大功率传动装置

仍以图 2-2 所示的电动机驱动的两级齿轮传动系统为例。假设:所有主动小齿轮的模数 m 与所在轴上转矩 T 的三次方根成正比,其分度圆直径

D、宽 b 也与转矩的三次方根成正比,即

$$b\frac{m_3}{m_1}=\frac{D_3}{D_1}=\frac{b_3}{b_1}=\sqrt[3]{\frac{T_3}{T_1}}=\sqrt[3]{i_1}$$

另设每对齿轮的齿宽相等,即 $b_1=b_2$,$b_3=b_4$,可得

$$i=i_1\sqrt{2i_1+1}$$

$$i_2=\sqrt{2i_1+1}$$

同理,对三级齿轮传动,假设 $b_1=b_2$,$b_3=b_4$,$b_5=b_6$,则

$$i_2=\sqrt{2i_1+1}$$

$$i_3=\sqrt{2i_2+1}=(2\sqrt{2i_1+1}+1)^{\frac{1}{2}}$$

$$i=i_1\sqrt{2i_1+1}(2\sqrt{2i_1+1}+1)^{\frac{1}{2}}$$

根据上面的公式可得图 2-8 和图 2-9 所示的曲线。

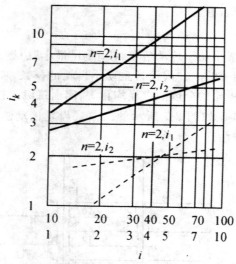

图 2-8　二级传动比分配线图($i<10$ 时,查图中的虚线)

由此可知,大功率传动装置按"质量最小"原则确定的各级传动比是逐级递减的,即"前大后小"。

(3)输出轴转角误差最小原则

以图 2-10 所示的四级齿轮减速传动链为例。四级传动比分别为 i_1、i_2、i_3、i_4,齿轮 1～8 的转角误差依次为 $\Delta\varphi_1$～$\Delta\varphi_8$。该传动链输出轴的总转角误差 $\Delta\varphi_{\max}$ 为

$$\Delta\varphi_{\max}=\frac{\Delta\varphi_1}{i_1i_2i_3i_4}+\frac{\Delta\varphi_2+\Delta\varphi_3}{i_2i_3i_4}+\frac{\Delta\varphi_4+\Delta\varphi_5}{i_3i_4}+\frac{\Delta\varphi_6+\Delta\varphi_7}{i_4}+\Delta\varphi_8$$

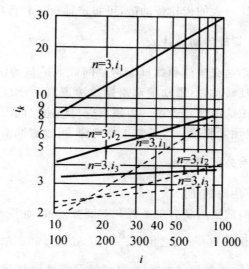

图 2-9　三级传动比分配线图($i<100$ 时，查图中的虚线)

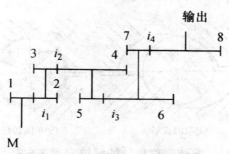

图 2-10　四级降速齿轮传动链

由上式可以看出，如果从输入端到输出端的各级传动比按"前小后大"原则排列，则总误差 $\Delta\varphi_{max}$ 较小，而且低速级的误差在总误差中占的比重很大。因此，要提高传动精度，就应减少传动级数，并使末级齿轮的传动比尽可能大、制造精度尽量高。

级数和各级传动比的选择，可根据实际需要，按以下几个方面的要求进行选择：

①对于以提高传动精度和减小回程误差为主的降速齿轮传动链，可按输出轴转角误差最小原则设计。若为增速传动链，则应在开始几级就增速。

②对于要求运转平稳、启/停频繁和动态性能好的伺服减速传动链，可按最小等效转动惯量和输出轴转角误差最小原则进行设计。对于负载变化的齿轮传动装置，各级传动比最好采用不可约的比数，避免同时啮合。

③对于要求质量尽可能小的降速传动链，可按质量最小原则进行设计。

④对于传动比很大的齿轮传动链,可将定轴轮系和行星轮系结合使用。

2.2.2　滚珠螺旋传动设计

滚珠螺旋传动是在丝杠和螺母滚道之间放入适量的滚珠,使螺纹间产生滚动摩擦。丝杠转动时,带动滚珠沿螺纹滚道滚动;螺母上装有返向器,与螺纹滚道构成滚珠的循环通道。为使滚珠与滚道之间形成无间隙甚至有过盈配合,可设置预紧装置。为延长工作寿命,可设置润滑件和密封件。

1.滚珠丝杠副的结构类型

(1)螺纹滚道法向截面形状

螺纹滚道法向截面形状有单圆弧和双圆弧两种,如图 2-11 所示。滚道沟曲率半径 R 与滚珠直径 D_w 之比为 $\dfrac{R}{D_w}=0.52\sim0.56$。单圆弧形要有一定的径向间隙,使实际接触角 $d\approx45°$。双圆弧形的理论接触角 $\alpha\approx38°\sim45°$,实际接触角随径向间隙乘喊荷而变。

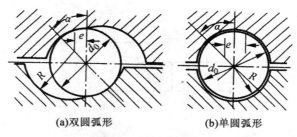

(a)双圆弧形　　　　　**(b)单圆弧形**

图 2-11　滚珠螺旋传动的螺纹滚道法向截面形状

(2)滚珠循环方式

1)内循环

滚珠在循环过程中始终与丝杠的表面接触,这种循环称为内循环。如图 2-12 所示,在螺母孔内接通相邻滚道的反向器,引导滚珠越过丝杠的螺纹外径进入相邻滚道,形成一个循环回路。一般在一个螺母上装有 2~4 个均匀分布的反向器,称为 2~4 列。内循环结构回路短、摩擦小、效率高、径向尺寸小,但精度要求高,否则误差对循环的流畅性和传动平稳性有影响。图 2-12 中的反向器为圆形且带凸键,不能浮动,称为固定式反向器。若反向器为圆形,可在孔中浮动,外加弹簧片令反向器压向滚珠,称为浮动式反向器,可以做到无间隙有预紧,刚度较高,回珠槽进出口自动对接,通道流畅,摩擦特性好,但制造成本较高。

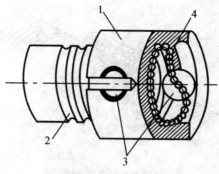

图 2-12 内循环

1—螺母;2—丝杠;3—反向器;4—滚珠

2)外循环

滚珠在循环过程中,有一段离开丝杠表面,这种循环称为外循环。如图 2-13所示,回程引导装置两端插入与螺纹滚道相切的孔内,引导滚珠进出弯管,形成一个循环回路,再用压板将回程引导装置固定。可做成多列,以提高承载能力。插管式外循环结构简单、制造容易,但径向尺寸大,且弯管两端的管舌耐磨性和抗冲击性能差。若在螺母外表面上开槽与切向孔连接,代替弯管,则为螺旋槽式外循环,径向尺寸较小,但槽与孔的接口为非圆滑连接,滚珠经过时易产生冲击。若在螺母两端加端盖,端盖上开槽引导滚珠沿螺母上的轴向孔返回,则为端盖式外循环,如图 2-14 所示。后两种外循环结构紧凑,但滚珠所经接口处要连接光滑,且坡度不能太大。

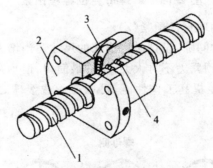

图 2-13 插管式外循环

1—丝杠;2—螺母;3—回程引导装置;4—滚珠

(3)预紧方式

滚珠丝杠的传动间隙是轴向间隙。为了保证反向传动精度和轴向刚度,必须消除轴向间隙。通常采用以下几种预紧方式。

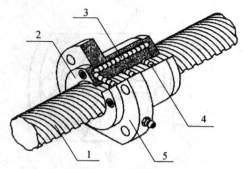

图 2-14 端盖式外循环

1—丝杠;2—端盖;3—循环滚珠;4—承载滚珠;5—螺母

1)单螺母变位导程预紧(B)

如图 2-15 所示,仅仅是在螺母中部将其导程增加一个预压量,以达到预紧的目的。

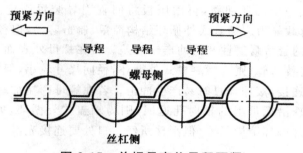

图 2-15 单螺母变位导程预紧

2)单螺母增大钢球直径预紧(Z)

为了补偿滚道的间隙,设计时将滚珠的尺寸适当增大,产生预紧力。滚道截面须为双圆弧,预紧力不可太大,结构最简单,但预紧力大小不能调整,如图 2-16 所示。为了提高工作性能,可以在承载滚珠之间加入间隔钢球,如图 2-17 所示。

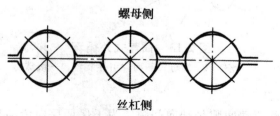

图 2-16 单螺母增大钢球直径预紧

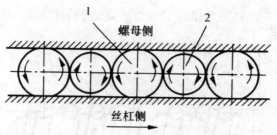

图 2-17　加入间隔钢球

1—承载滚珠；2—间隔滚珠

3）双螺母垫片预紧（D）

如图 2-18 所示，修磨垫片厚度，使两螺母的轴向距离改变。根据垫片厚度不同分成两种形式，当垫片厚度较厚时即产生"预拉应力"，而当垫片厚度较薄时即产生"预压应力"以消除轴向间隙。后者垫片预紧刚度高，但调整不便，不能随时调隙预紧。

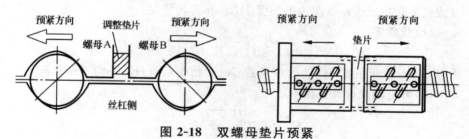

图 2-18　双螺母垫片预紧

4）双螺母螺纹预紧（L）

如图 2-19 所示，调整圆螺母使丝杠右螺母向右，产生拉伸预紧。这种方法调整方便，但预紧量不易掌握。

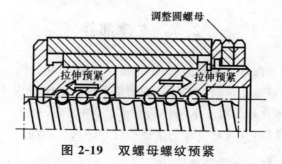

图 2-19　双螺母螺纹预紧

5）双螺母齿差预紧（C）

如图 2-20 所示，两螺母端面分别加工出齿数为 z_1、z_2 的内齿圈，分别与双联齿轮啮合。一般 $z_2 = z_1 + 1$。若两螺母同向各转过一个齿，则两螺母的相对

轴向位移为 $\delta=\dfrac{P_h}{z_1 z_2}$ (P_h 为导程)。这种方法调整精确且方便,但结构较复杂。

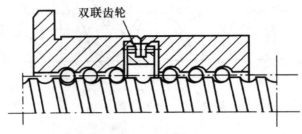

图 2-20 双螺母齿差预紧

2.滚珠丝杠副的计算

设计滚珠丝杠副的已知条件是:工作载荷 F 或平均工作载荷 F_m,使用寿命 L'_h,丝杠的工作长度(或螺母的有效行程)l,丝杠的转速 n(平均转速 n_m 或最大转速 n_{max}),以及滚道硬度 HRC 和运转情况。

(1)载荷 F_C

$$F_C = K_F K_H K_A K_m$$

式中,K_F 为载荷系数;K_H 为硬度系数;K_A 为精度系数;K_m 平均工作载荷。

(2)额定动载荷计算值 C'_a

$$C'_a = F_C \sqrt{\frac{n_m L'_h}{1.67 \times 10^4}}$$

根据 C'_a 值从滚珠丝杠副系列中选择所需要的规格,使所选规格的丝杠副的额定动载荷值等于或大于 C'_a,并列出其主要参数值。验算传动效率、刚度及工作平稳性是否满足要求,如不能,则应另选其他规格并重新验算。

2.3 支撑部件

常用的支承部件主要有轴承、导轨和机身(或基座)等。它们的精度、刚度、抗振性、热稳定性等因素直接影响伺服系统的精度、动态特性和可靠性。因此,机电一体化系统对支承部件的要求是:精度高、刚度大、热变形小、抗振性好、可靠性高,并且有良好的摩擦特性和结构工艺性。

2.3.1 回转运动支承设计

回转运动支承主要指滚动轴承,动、静压轴承,磁轴承等各种轴承。它的作用是支承作回转运动的轴或丝杠。随着刀具材料和加工自动化的发展,主轴的转速越来越高,变速范围也越来越大,如中型数控机床和加工中心的主轴最高转速可达到 5000～6000r/min,甚至更高。内圆磨床为了达到足够的磨削速度,磨削小孔的砂轮主轴转速已高达240000 r/min。因此,机电一体化系统对轴承的精度、承载能力、刚度、抗振性、寿命、转速等提出了更高的要求,也逐渐出现了许多新型结构的轴承。

1.滚动轴承

(1)标准滚动轴承

标准滚动轴承的尺寸规格已标准化、系列化,由专门生产厂大量生产。使用时,主要根据刚度和转速来选择。如有要求,则还应考虑其他因素,如承载能力、抗振性和噪声等。

1)空心圆锥滚子轴承

图 2-21 所示为双列和单列空心圆锥滚子轴承。一般将双列(如图 2-21(a)所示)的轴承用于前支承,单列(如图 2-21(b)所示)的轴承用于后支承,配套使用。

这种轴承与一般圆锥滚子轴承不同之处在于:滚子是中空的,保持架则是整体加工的,它与滚子之间没有间隙,工作时润滑油的大部分将被迫通过滚子中间的小孔,以便冷却最不易散热的滚子,润滑油的另一部分则在滚子与滚道之间通过,起润滑作用。此外,中空的滚子还具有一定的弹性变形能力,可吸收一部分振动。双列轴承的两列滚子数目相差一个,使两列的刚度变化频率不同,以抑制振动。单列轴承外圈上的弹簧用做预紧。这两种轴承的外圈较宽,因此与箱体孔的配合可以松一些。箱体孔的圆度和圆柱度误差对外圈滚道的影响较小。这种轴承用油润滑,故常用于卧式主轴。

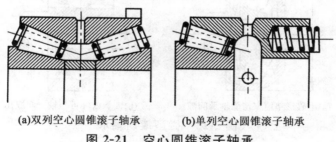

(a)双列空心圆锥滚子轴承　　(b)单列空心圆锥滚子轴承

图 2-21　空心圆锥滚子轴承

2)陶瓷滚动轴承

陶瓷滚动轴承的结构与一般滚动轴承相同,目前常用的陶瓷材料为 Si_3N_4。由于陶瓷的热传导率低、不易发热、硬度高、耐磨,在采用油脂润滑的情况下,轴承内径在 25～100 mm 时,主轴转速可达 8000～15000 r/min;在油雾润滑的情况下,轴承内径在 65～100 mm 时,主轴转速可达 15000～20500 r/min;轴承内径在 40～60 mm 时,主轴转速可达 20000～30000 r/min。陶瓷滚动轴承主要用于中、高速运动的主轴的支承。

(2)非标准滚动轴承

当对轴承有特殊要求而又不可能采用标准滚动轴承时,就需根据使用要求自行设计非标准滚动轴承。

1)微型滚动轴承

如图 2-22 所示为微型向心推力轴承,具有杯形外圈,D≥1.1 mm,但没有内环,锥形轴颈直接与滚珠接触,由弹簧或螺母调整轴承间隙。

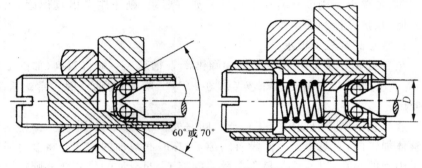

图 2-22　微型向心推力轴承

当 D>4 mm 时,可有内环,如图 2-23(a)所示,采用碟形垫圈来消除轴承间隙。图 2-23(b)所示的轴承内环可以与轴一起从外环和滚珠中取出,装拆比较方便。

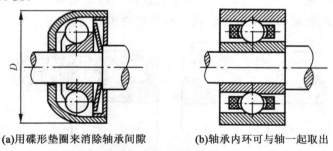

(a)用碟形垫圈来消除轴承间隙　　　　**(b)轴承内环可与轴一起取出**

图 2-23　微型滚动轴承

2)密珠轴承

密珠轴承是一种新型的滚动摩擦支承,它由内、外圈和密集于两者间并具有过盈配合的钢珠组成。它有两种形式,如图 2-24 所示,即径向轴承(如图 2-24(a)所示)和推力轴承(如图 2-24(b)所示)。密珠轴承的内外滚道和止推面分别是形状简单的外圆柱面、内圆柱面和平面,在滚道间密集地安装有滚珠。滚珠在其尼龙保持架的空隙中以近似于多头螺旋线的形式排列,如图 2-24(c)和(d)所示。每个滚珠公转时均沿着自己的滚道滚动而互不干扰,以减少滚道的磨损。密集的滚珠还有助于减小滚珠几何误差对主轴轴线位置的影响,具有误差平均效应,有利于提高主轴精度。滚珠与内、外圈之间保持有 0.005～0.012 mm 的预加过盈量,以消除间隙,增加刚度,提高轴的回转精度。

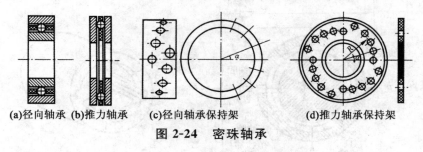

(a)径向轴承　(b)推力轴承　　　(c)径向轴承保持架　　　　　　(d)推力轴承保持架

图 2-24　密珠轴承

2. 静压轴承

静压轴承是流体摩擦支承的基本类型之一,它是在轴颈与轴承之间充有一定压力的液体或气体,将转轴浮起并承受负荷的一种轴承。

按支承承受负荷方向的不同,静压轴承常可分为向心轴承、推力轴承和向心推力轴承三种形式。

(1)液体静压轴承

液体静压系统由静压支承、节流器和供油装置三部分组成,如图 2-25 所示。

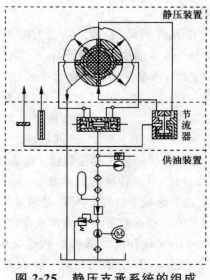

图 2-25　静压支承系统的组成

　　液体静压向心轴承的工作原理如图 2-26(a)所示,在图 2-26(b)所示的轴承内圆柱面上,对称地开有 4 个矩形油腔,油腔与油腔之间开有回油槽,油腔与回油槽之间的圆弧面称为周向封油面,轴承两端面和油腔之间的圆弧面称为轴向封油面。轴装入轴承后,轴承封油面与轴颈之间有适量间隙。

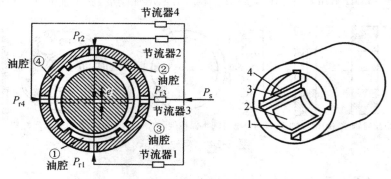

图 2-26　液体静压向心轴承的工作原理
1—轴向封油面;2—油腔;3—回油槽;4—周向封油面

　　液压泵输出的压力油通过 4 个节流器后,油压降至 P_r,并分别流进各节流器所对应的油腔,在油腔内形成静压,从而使轴颈和轴承表面被油膜分开,然后经封油面上的间隙和回油槽流回油池。

　　空载时,由于各油腔与轴颈间的间隙 h_0 相同,4 个油腔的压力均为 P_{r0},此时,转轴受到各油腔的油压作用而处于平衡状态,轴颈与轴承同心(忽略转轴部件的自重)。

　　当支承受到外负荷 h_0 作用时,轴颈沿负荷方向产生微量位移 e,于是,油腔①的间隙减少为(h_0-e),油流阻力增大,由于节流器的调压作用,油腔①的压力从 P_{r0} 升高到 P_{r1};油腔②的间隙则增大到(h_0+e),油流阻力减小;同样由于节流器的调压作用,油腔②的压力从 P_{r0} 降至 P_{r2}。因此,油腔①、②的压力不等而形成压力差 $\Delta P = P_{r1} - P_{r2}$,该压力差作用在轴颈上,与外负荷 F_r 相平衡(即 $F_r = (P_{r1} - P_{r2})A_e$,$A_e$ 为油腔的有效承载面积),使轴颈稳定在偏心量 e 的位置上。转轴轴线的位移量 e 的大小与支承和节流器的参数选择有关,若选择合适,可使转轴的位移很小。

　　图 2-27 所示为立式低速轴系。主轴有两对球轴承支承,每对轴承有 8 个油腔。具有一定压力的油液经过 8 个小孔节流器进入轴承油腔。主轴由下端的力矩电动机驱动并安装有高灵敏度的测速发电机。当凸球圆度为 0.05 μm,供油压力为 1 MPa 时,主轴的径向和轴向回转精度为 0.01 μm;轴向刚度为 160 N/μm,径向刚度为 100 N/μm。

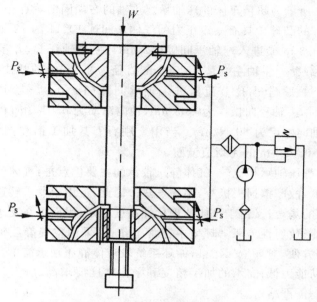

图 2-27　双半球轴系简图

液体静压轴承与普通滑动和滚动轴承相比有以下特点:摩擦阻力小、传动效率高、使用寿命长、转速范围广、刚度大、抗振性好、回转精度高;能适应不同负荷,满足不同转速的大型或中、小型机械设备的要求;但需有一套可靠的供油装置,增大了设备的空间和质量。

(2)气体静压轴承

图 2-28 所示为气体静压向心轴承简图。由专门的供气装置输出的压缩气体进入轴承的圆柱容腔,并通过沿轴承圆周均匀分布、与端面有一定距离的两排进气孔(又称节流孔),进入轴与轴承之间的间隙,然后沿轴向流至轴承端部,并由此排入大气。气体静压轴承的工作原理与液体静压轴承相同。

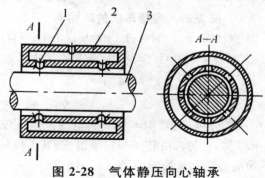

图 2-28　气体静压向心轴承

1—进气孔;2—轴承;3—轴

图 2-29 所示为超精车床的球轴承。主轴的右端固定着直径为 70 mm、长为 60 mm 的凸球。具有一定压力的气体从凹球 10、11 的 12 个小孔节流器(直径为 0.3 mm)进入球轴承间隙(12 μm),使主轴浮起,并承受一定的轴向和径向载荷。主轴左端是长 27 mm、直径为 22 mm 的圆柱径向轴承,气体同样通过 12 个小孔节流器进入轴承间隙(18 μm)。当主轴转速为 200 r/min 时,主轴径向振摆为 0.03 μm,轴向窜动为 0.01 μm;径向刚度为 25 N/μm,轴向刚度为 80 N/μm。当用金刚石刀具加工铝和铜件时,可获得 R_a0.01～0.02 μm 的无划痕镜面。

与液体静压轴承相比较,气体静压轴承的主要优点是:气体的内摩擦很小、黏度极低,故摩擦损失极小,不易发热。因此,适用于要求转速极高和灵敏度要求高的场合;又由于气体的理化性高度稳定,因而可在支承材料许可的高温、深冷、放射性等恶劣环境中正常工作;若采用空气静压轴承。则空气来源十分方便,对环境无污染,循环系统较液体静压轴承简单。它的主要缺点是:负荷能力低;支承的加工精度和平衡精度要求高,所需气体的清洁度要求较高,需严格讨滤。

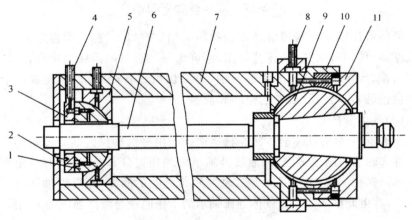

图 2-29 超精车床的球轴承

1—圆柱径向轴套;2—弹簧;3—支承板;4、8—进气口;
5、10、11—凹球;6—主轴;7—壳体;9—凸球

3. 磁轴承

磁轴承主要由两部分组成:轴承本身及其电气控制系统。磁轴承分向心轴承和推力轴承两类,它们都由转子和定子组成,其工作原理相同。

图 2-30 所示为向心磁轴承的原理图。

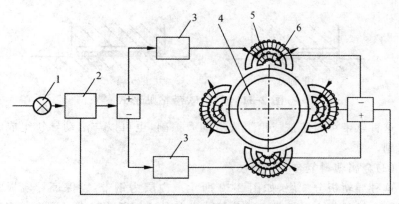

图 2-30　向心磁轴承的原理图

1—比较元件；2—调节器；3—功率放大器；4—转子；5—位移传感器；6—电磁铁

定子上安装有电磁铁,转子的支承轴颈处装有铁磁环,定子电磁铁产生的磁场使转子悬浮在磁场中,转子与定子无任何接触,气隙约为 0.3～1 mm。转子转动时,由位移传感器检测转子的偏心,并通过反馈与基准信号(转子理想位置)在比较元件上进行比较,调节器根据偏差信号进行调节,并把调节信号送到功率放大器以改变磁铁(定子)的电流。

2.3.2　直线运动支承

直线运动支承主要是指直线运动导轨副,它的作用是保证所支承的各部件(如工作台、尾座等)的相对位置和运动精度。因此,对导轨副的要求是:导向精度高、刚度大、耐磨、运动灵活和平稳。

1. 塑料导轨

塑料导轨是在滑动导轨上镶装塑料而成的。这种导轨化学稳定性高、工艺性好、使用维护方便,因而得到了越来越广泛的应用。但这种导轨耐热性差,且易蠕变,使用中必须注意散热。

常用的塑料导轨材料有以下三种:

(1)塑料导轨软带

国产 TSF 塑料导轨软带是以聚四氟乙烯为基材,添加合金粉和氧化物等所构成的高分子复合材料。将其粘贴在金属导轨上所形成的导轨又称贴塑导轨。

导轨软带粘贴形式如图 2-31 所示。图 2-31(a)所示为平面式,多用于设备的导轨维修;图 2-31(b)所示为埋头式,即粘贴软带的导轨加工有带挡边的凹槽,多用于新产品。

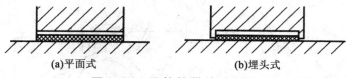

图 2-31　导轨软带粘贴形式

　　这种软带可与铸铁或钢组成滑动摩擦副，也可以与滚动导轨组成滚动摩擦副。

　　(2)金属塑料复合导轨板

　　这种导轨板分 3 层，如图 2-32 所示。内层为钢带，以保证导轨板的机械强度和承载能力。钢带上镀烧结成球状的青铜粉或青铜丝网形成多孔中间层，再浸渍聚四氟乙烯等塑料填料。中间层可以提高导轨的导热性，避免浸渍进入孔或网中的氟塑料产生冷流和蠕变。当青铜与配合面摩擦而发热时，热胀系数远大于金属的塑料从中间层的孔隙中挤出，向摩擦表面转移，形成厚约 0.01～0.05 mm 的表面自润滑塑料层。这种导轨板一般用胶粘贴在金属导轨上，成本比聚四氟乙烯软带高。图 2-33 所示为某铣床燕尾导轨镶条上安装复合导轨板的示意图。

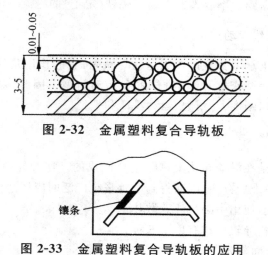

图 2-32　金属塑料复合导轨板

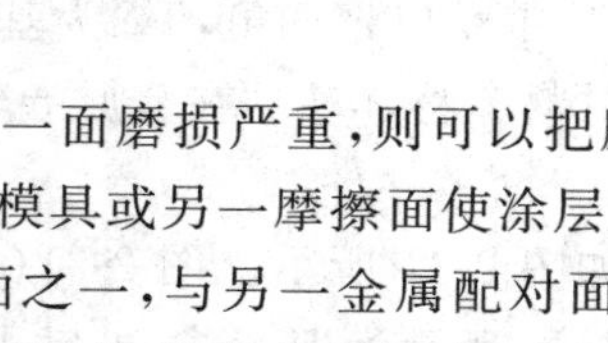

图 2-33　金属塑料复合导轨板的应用

　　(3)塑料涂层

　　在导轨副中，若只有一面磨损严重，则可以把磨损部分切除，涂敷配制好的胶状塑料涂层，利用模具或另一摩擦面使涂层成形，固化后的塑料涂层即成为摩擦副中的配对面之一，与另一金属配对面形成新的摩擦副。目前常用的塑料涂层材料有环氧涂料和含氟涂料。它们都是以环氧树脂为基体,但所用牌号和加入的成分有所不同。环氧涂料的优点是摩擦系数小且稳定,防爬性能好,有自润滑作用。缺点是不易存放,且黏度逐渐变大。含氟涂料则克服了上述缺点。

这种方法主要用于导轨的维修和设备的改造,也可用于新产品。

2.滚动导轨

滚动导轨是在作相对运动的两导轨面之间加入滚动体,变滑动摩擦为滚动摩擦的一种直线运动支承。滚动直线导轨副是在滑块与导轨之间放入适当的钢球,使滑块与导轨之间的滑动摩擦变为滚动摩擦,大大降低两者之间的运动摩擦阻力。其滚道采用圆弧形式,增大了滚动体与圆弧滚道接触面积,从而大大地提高了导轨的承载能力,可达到平面滚道形式的 13 倍。在该导轨制作时,常需要预加载荷,这使导轨系统刚度得以提高。由于是纯滚动,摩擦系数为滑动导轨的 1/50 左右,磨损小,因而寿命长,功耗低。成对使用导轨副时,具有"误差均化效应"。由于摩擦力小、动作轻便,因而定位精度高,微量移动灵活、准确。装配调整容易,因此降低了对配件加工精度的要求。导轨采用表面硬化处理,使导轨表面具有良好的耐磨性;芯部保持良好的力学性能。简化了机械结构的设计和制造。

按滚动体形状不同,可将滚动导轨分为滚珠导轨、滚柱导轨、滚针导轨三种,如图 2-34 所示。图 2-34(a)所示为滚珠导轨,点接触、摩擦小、灵敏度高,但承载能力小、刚度低,适用于载荷不大、行程较小,而运动灵敏度要求较高的场合。图 2-34(b)所示为滚柱导轨,为线接触,其承载能力和刚度都比滚珠导轨大,适用于载荷较大的场合,但制造安装要求高。滚柱结构有实心和空心两种。空心滚柱在载荷作用下有微小变形,可减小导轨局部误差和滚柱尺寸对运动部件导向精度的影响。图 2-34(c)所示为滚针导轨,尺寸小、结构紧凑、排列密集、承载能力大,但摩擦力相应增加,精度较低,适用于载荷大,导轨尺寸受限制的场合。

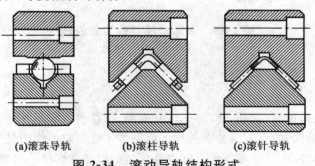

(a)滚珠导轨　　(b)滚柱导轨　　(c)滚针导轨

图 2-34　滚动导轨结构形式

3. 静压导轨

静压导轨的工作原理与静压轴承类似。在两导轨面之间通入具有压力的液体或气体介质,使两导轨面脱离接触。动导轨悬浮在压力油或气体之上运动,摩擦力极小。当受外载作用后,介质压力会因反馈升高,从而承受外载荷。静压导轨有开式和闭式两种,图 2-35 所示为闭式液体静压导轨的工作原理图。当工作台受力 P 作用而下降,使间隙 h_3、h_4 增大,h_1、h_2 减小,则流经节流器 3、4 的流量减小,压力降也减小,使油腔压力 P_3、P_4 升高。流经节流器 1、2 的流量增大,P_1、P_2 则降低。4 个油腔产生向上的支承合力,使工作台稳定在新的平衡位置。若工作台受颠覆力矩 T 的作用,使 h_1、h_4 增大,h_2、h_3 减小,则 4 个油腔产生反力矩;若工作台受水平力 F 的作用,则 h_5 减小,h_6 增大,左右油腔产生与 F 相反的支承反力。这些都使工作台受载后稳定在新的平衡位置。若只有节流器 1、2,则成为开式静压导轨,不能承受颠覆力矩。

在使用静压导轨时,必须保持油液或空气清洁,并且注意防止机械使用处温度的剧烈变化,以免引起液体静压导轨油液粘度变化和气体静压导轨空气压力变化。静压导轨还应有良好的防护措施。

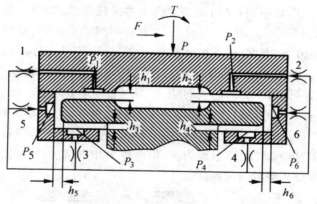

图 2-35　液体静压导轨工作原理
1、2、3、4、5、6—节流器

2.3.3　机身

机身包括床身、立柱、底基(基座)、支架、工作台等支承件。它的特点是尺寸较大,结构复杂,常有较多的加工面和加工孔。它的作用是支承和连接一定的零部件,使这些零部件之间保持规定的尺寸和形位公差要求。

1. 机身结构设计

机身结构设计主要从以下几个方面考虑：

(1) 保证刚度

为避免床身等支承件在工作时因受力而产生压缩、拉伸、弯曲和扭曲等变形，必须保证其有足够的刚度。在设计时，可从通过合理布置肋板和加强肋来提高刚度，其效果较之增加壁厚更为显著。各种肋板的布置形式如图 2-36 所示。图 (a)、(b)、(c) 都是方格式纵横肋板，其中图 (c) 比图 (b) 的铸造性能好，因肋条交叉处金属聚集较少，分布均匀；图 (f) 所示为六角 (蜂窝) 形肋，其弯曲、扭转刚度较好，铸件均匀收缩，内应力小，不易断裂，但其铸造泥芯很多；图 (g)、(h) 所示的肋铸造工艺也较复杂，但刚度很好；图 (d)、(e) 所示的三角形和菱形肋，较图 (f)、(g)、(h) 所示的肋结构简单，但刚度要差些。有时在导轨附近还布置一些肋条，以增加其刚度，肋条可采用直肋或人字形肋，如图 2-36(i)、(j) 所示。

(2) 减少热变形

系统内部发热是产生热变形的主要热源，应当尽量地将热源从主机中分离出去。目前大多数数控机床的电动机、变速箱、液压装置及油箱等都已外置。对不能与主机分离的热源，如主轴轴承、丝杠螺母副等，则必须改善其摩擦特性和润滑条件，以减少机械内部发热。机床加工时所产生的切屑也是一个不可忽视的热源，对于产生大量切屑的数控机床来说，必须有良好的排屑装置，以便将热量尽快带走，也可在工作台或导轨上装设隔热板，将热量隔离在机床之外。在采取一系列减少热源的措施之后，热变形的情况有所改善，但要完全消除内、外热源是十分困难的，所以必须通过良好的散热和冷却来控制温升。其中比较有效的方法是在机床的发热部位进行强制冷却，如采用冷冻机对润滑油强制冷却等。在同样发热的条件下，结构对热变形有很大影响。目前，根据热对称原则设计的数控机床取得了较好的效果，数控机床过去采用的单立柱结构有可能被双立柱结构所代替。

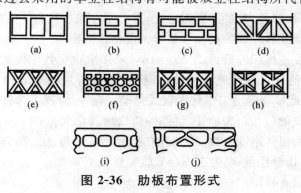

图 2-36　肋板布置形式

（3）提高抗振性

提高抗振性的措施主要有：提高系统的刚度、增大阻尼及调整构件的质量和自振频率。试验表明，提高阻尼系数是改善抗振性的有效方法。钢板的焊接结构可以增加静刚度，减轻结构质量，又可以增加构件本身的阻尼。因此，近年来在一些数控机床等机电一体化设备中采用了钢板焊接结构的床身、立柱、横梁和工作台。封砂铸铁也有利于振动的衰减，对提高抗振性有较好的效果。

在结构设计时，可以通过调整质量来改变系统的自振频率，使它远离工作范围内所存在的强迫振动源的频率。此外，系统中的旋转部件应尽可能进行良好的动平衡，以减少强迫振动源，或者用弹性材料将振源隔离。

（4）良好的结构工艺性

在设计支承件结构时，应同时考虑机械加工工艺性和装配工艺性。

2. 材料和热处理

机身的材料应具有较高的强度、刚度、吸振性和耐磨性，并具有良好的铸造或焊接工艺性，同时还希望成本较低。铸铁、合金铸铁、钢板、花岗石等为机身的常用材料。

2.4　力学系统性能分析

2.4.1　数学模型建立

机械系统数学模型的建立是通过折算的办法将复杂的结构装置转换成等效的简单函授关系，数学表达式一般是线性微分方程（通常简化成二阶微分方程）。机械系统的数学模型分析的是输入（如电机转子运动）和输出（如工作台运动）之间的相对关系。等效折算过程是将复杂结构关系的机械系统的惯量、弹性模量和阻尼（或阻尼比）等力学性能参数归一处理，从而通过数学模型来反映各环节的机械参数对系统整体的影响。

下面以数控机床进给传动系统为例，来介绍建立数学模型的方法。在图 2-37 所示的数控机床进给传动系统中，电机通过两级减速齿轮 z_1、z_2、z_3、z_4 及丝杠螺母副驱动工作台作直线运动。设 J_1 为轴 I 部件和电机转子构成的转动惯量；J_2、J_3 为轴 II、III 部件构成的转动惯量；K_1、K_2、K_3 分别为轴 I、II、III 的扭转刚度系数；K 为丝杠螺母副及螺母底座部分的轴向刚度系数；m 为工作台质量；C 为工作台导轨黏性阻尼系数；T_1、T_2、T_3 分别为轴 I、II、III 的输入转矩。

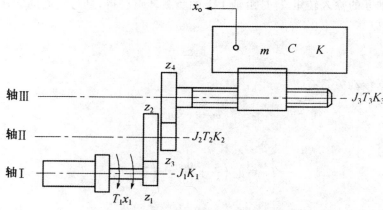

图 2-37　数控机床进给系统

建立该系统的数学模型,首先是把机械系统中各基本物理量折算到传动链中的某个元件上(本例折算到轴 I 上),使复杂的多轴传动关系转化成单一轴运动,转化前后的系统总力学性能等效;然后,在单一轴基础上根据输入量和输出量的关系建立它的输入/输出的数学表达式(数学模型)。根据该表达式进行的相关机械特性分析就反映了原系统的性能。在该系统的数学模型建立过程中,分别针对不同的物理量(如 J、K、ω)求出相应的折算等效值。

机械装置的质量(惯量)、弹性模量和阻尼等机械特性参数对系统的影响是线性叠加关系,因此在研究各参数对系统影响时,可以假设其他参数为理想状态,单独考虑特性关系。下面就基本机械性能参数,分别讨论转动惯量、弹性模量和阻尼的折算过程。

1. 转动惯量的折算

把轴 I、II、III 上的转动惯量和工作台的质量都折算到轴 I 上,作为系统的等效转动惯量。设 $T_1{}'$、$T_2{}'$、$T_3{}'$ 分别为轴 I、II、III 的负载转矩,ω_1、ω_2、ω_3 分别为轴 I、II、III 的角速度;秒为工作台位移时的线速度。

(1) I、II、III 轴转动惯量的折算

根据动力平衡原理,I、II、III 轴的力平衡方程分别为

$$T_1 = J_1 \frac{\mathrm{d}\omega_1}{\mathrm{d}t} + T_1{}' \tag{2-1}$$

$$T_2 = J_2 \frac{\mathrm{d}\omega_2}{\mathrm{d}t} + T_2{}' \tag{2-2}$$

$$T_3 = J_3 \frac{\mathrm{d}\omega_3}{\mathrm{d}t} + T_3{}' \tag{2-3}$$

因为轴 II 的输入转矩 T_2 是由轴 I 上的负载转矩获得，且与它们的转速成反比，所以

$$T_2 = \frac{z_1}{z_2} T_1$$

又根据传动关系有

$$\omega_2 = \frac{z_1}{z_2} \omega_1$$

整理得

$$T_1' = J_2 \left(\frac{z_1}{z_2}\right)^2 \frac{d\omega_1}{dt} + \left(\frac{z_1}{z_2}\right) T_2' \tag{2-4}$$

同理

$$T_2' = J_2 \left(\frac{z_1}{z_2}\right)\left(\frac{z_3}{z_4}\right)^2 \frac{d\omega_1}{dt} + \left(\frac{z_3}{z_4}\right) T_3' \tag{2-5}$$

（2）工作台质量折算到 I 轴

在工作台与丝杠间，T_3' 驱动丝杠使工作台运动。根据动力平衡关系有

$$T_2' 2\pi = m\left(\frac{dv}{dt}\right) L$$

式中，v 为工作台线速度；L 为丝杠导程。即丝杠转动一周所做的功等于工作台前进一个导程时其惯性力所做的功。

又根据传动关系有

$$v = \frac{L}{2\pi} \omega_3 = \frac{L}{2\pi}\left(\frac{z_1}{z_2}\frac{z_3}{z_4}\right) m \frac{d\omega_1}{dt}$$

把 v 值代入上式整理后，得

$$T_3' = \left(\frac{L}{2\pi}\right)^2 \left(\frac{z_1}{z_2}\frac{z_3}{z_4}\right) m \frac{d\omega_1}{dt} \tag{2-6}$$

（3）折算到轴 I 上的总转动惯量

电机输出的总转矩为

$$T_1 = \left[J_1 + J_2\left(\frac{z_1}{z_2}\right)^2 + J_3\left(\frac{z_1}{z_2}\frac{z_3}{z_4}\right)^2 + m\left(\frac{z_1}{z_2}\frac{z_3}{z_4}\right)^2\left(\frac{L}{2\pi}\right)^2 \right]\frac{d\omega_1}{dt} = J_\Sigma \frac{d\omega_1}{dt}$$

其中

$$J_\Sigma = J_1 + J_2\left(\frac{z_1}{z_2}\right)^2 + J_3\left(\frac{z_1}{z_2}\frac{z_3}{z_4}\right)^2 + m\left(\frac{z_1}{z_2}\frac{z_3}{z_4}\right)^2\left(\frac{L}{2\pi}\right)^2 \tag{2-7}$$

式中，J_Σ 为系统各环节的转动惯量（或质量）折算到轴 I 上的总等效转动惯量；$\left(\frac{z_1}{z_2}\frac{z_3}{z_4}\right)^2$、$m\left(\frac{z_1}{z_2}\frac{z_3}{z_4}\right)^2\left(\frac{L}{2\pi}\right)^2$ 分别为 II、III 轴转动惯量和工作台质量折算到 I 轴上的折算转动惯量。

2. 黏性阻尼系数的折算

机械系统工作过程中,相互运动的元件间存在着阻力,并以不同的形式表现出来,如摩擦阻力、流体阻力以及负载阻力等,这些阻力在建模时需要折算成与速度有关的黏滞阻尼力。

当工作台均速转动时,轴Ⅲ的驱动转矩 T_3 完全用来克服黏滞阻尼力的消耗。考虑到其他各环节的摩擦损失比工作台导轨的摩擦损失小得多,故只计工作台导轨的黏性阻尼系数 C。根据工作台与丝杠之间的动力平衡关系,有

$$T_3 2\pi = CvL$$

即丝杠转一周 T_3 所做的功,等于工作台前进一个导程时其阻尼力所做的功。根据力学原理和传动关系,有

$$T_1 = \left(\frac{z_1}{z_2}\frac{z_3}{z_4}\right)^2 \left(\frac{L}{2\pi}\right)^2 C\omega_1 = C'\omega_1 \tag{2-8}$$

式中,C' 为工作台导轨折算到轴Ⅰ上的黏性阻力系数,即

$$C' = \left(\frac{z_1}{z_2}\frac{z_3}{z_4}\right)^2 \left(\frac{L}{2\pi}\right)^2 C \tag{2-9}$$

3. 弹性变形系数的折算

机械系统中各元件在工作时受力或力矩的作用,将产生轴向伸长、压缩或扭转等弹性变形,这些变形将影响到整个系统的精度和动态特性。建模时要将其折算成相应的扭转刚度系数或轴向刚度系数。

上例中,应先将各轴的扭转角都折算到轴Ⅰ上来,丝杠与工作台之间的轴向弹性变形会使轴Ⅲ产生一个附加扭转角,也应折算到轴Ⅰ上,然后求出轴Ⅰ的总扭转刚度系数。同样,当系统在无阻尼状态下,T_1、T_2、T_3 等输入转矩都用来克服机构的弹性变形。

(1)轴向刚度的折算

当系统承担负载后,丝杠螺母副和螺母座都会产生轴向弹性变形,图 2-38 是它的等效作用图。在丝杠左端输入转矩 T_3 的作用下,丝杠和工作台之间的弹性变形为 δ,对应的丝杠附加扭转角为 $\Delta\theta_3$。根据动力平衡原理和传动关系,在丝杠轴Ⅲ上有:

$$T_3 2\pi = K\delta L$$

$$\delta = \frac{\Delta\theta_3}{2\pi}L$$

所以

$$T_3 = \left(\frac{1}{2\pi}\right)^2 K\Delta\theta_3 = K'\Delta\theta_3$$

式中，K' 为附加扭转刚度系数，即

$$K' = \left(\frac{1}{2\pi}\right)^2 K \tag{2-10}$$

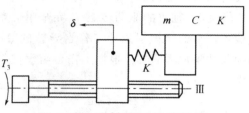

图 2-38 弹性变形的等效图

（2）扭转刚度系数的折算

设 θ_1、θ_2、θ_3 分别为轴 Ⅰ、Ⅱ、Ⅲ 在输入转矩 T_1、T_2、T_3 的作用下产生的扭转角。根据动力平衡原理和传动关系，有

$$\theta_1 = \frac{T_1}{K_1}$$

$$\theta_2 = \frac{T_2}{K_2} = \left(\frac{z_2}{z_1}\right)\frac{T_1}{K_1}$$

$$\theta_3 = \frac{T_3}{K_3} = \left(\frac{z_2}{z_1}\frac{z_4}{z_3}\right)\frac{T_1}{K_3}$$

由于丝杠和工作台之间轴向弹性变形使轴Ⅲ附加了一个扭转角 $\Delta\theta_3$，因此轴Ⅲ上的实际扭转角为

$$\theta_{\text{Ⅲ}} = \theta_3 + \Delta\theta_3$$

将 θ_3、$\Delta\theta_3$ 值代入，则有

$$\theta_{\text{Ⅲ}} = \frac{T_3}{K_3} + \frac{T_3}{K'} = \left(\frac{z_2}{z_1}\frac{z_4}{z_3}\right)\left(\frac{1}{K_3} + \frac{1}{K'}\right)T_1$$

将各轴的扭转角折算到轴Ⅰ上得轴Ⅰ的总扭转角，即

$$\theta = \theta_1 + \left(\frac{z_2}{z_1}\right)\theta_2 + \left(\frac{z_2}{z_1}\frac{z_4}{z_3}\right)\theta_{\text{Ⅲ}}$$

将 θ_1、θ_2、$\theta_{\text{Ⅲ}}$ 值代入上式，有

$$\theta = \left[\frac{1}{K_1} + \left(\frac{z_2}{z_1}\right)^2\frac{1}{K_2} + \left(\frac{z_2}{z_1}\frac{z_4}{z_3}\right)^2\left(\frac{1}{K_3} + \frac{1}{K'}\right)\right]T_1 = \frac{T_1}{K_\Sigma} \tag{2-11}$$

式中，K_Σ 为折算到轴Ⅰ上的总扭转刚度系数，即

$$K_\Sigma = \frac{1}{\dfrac{1}{K_1} + \left(\dfrac{z_2}{z_1}\right)^2\dfrac{1}{K_2} + \left(\dfrac{z_2}{z_1}\dfrac{z_4}{z_3}\right)^2\left(\dfrac{1}{K_3} + \dfrac{1}{K'}\right)} \tag{2-12}$$

4．建立系统的数学模型

根据以上的参数折算，建立系统动力平衡方程和推导数学模型。

设输入量为轴Ⅰ的输入转角 X_i；输出量为工作台的线位 X_0。根据传动原理，把蜀折算成轴Ⅰ的输出角位移 φ。在轴Ⅰ上根据动力平衡原理有

$$J_\Sigma \frac{\mathrm{d}^2\Phi}{\mathrm{d}t^2} + C'\frac{\mathrm{d}\Phi}{\mathrm{d}t} + K_\Sigma\Phi = K_\Sigma X_i \tag{2-13}$$

又因为

$$\Phi = \left(\frac{2\pi}{L}\right)\left(\frac{z_2}{z_1}\frac{z_4}{z_3}\right)X_0 \tag{2-14}$$

因此，动力平衡关系可以写成下式：

$$J_\Sigma \frac{\mathrm{d}^2\Phi}{\mathrm{d}t^2} + C'\frac{\mathrm{d}\Phi}{\mathrm{d}t} + K_\Sigma X_0 = \left(\frac{L}{2\pi}\right)\left(\frac{z_1}{z_2}\frac{z_3}{z_4}\right)K_\Sigma X_i \tag{2-15}$$

这就是机床进给系统的数学模型，它是一个二阶线性微分方程。其中 J_Σ、C'、K_Σ 均为常数。通过对式（2−15）进行拉普拉斯变换求得该系统的传递函数为

$$G(s) = \frac{X_0(s)}{X_i(s)} = \frac{\left(\frac{L}{2\pi}\right)\left(\frac{z_1}{z_2}\frac{z_3}{z_4}\right)K_\Sigma}{J_\Sigma s^2 + C's + K_\Sigma} = \left(\frac{L}{2\pi}\right)\left(\frac{z_1}{z_2}\frac{z_3}{z_4}\right)\frac{\omega_n^2}{s^2 + 2\xi\omega_n s + \omega_n^2}$$

$$\tag{2-16}$$

式中，ω_n 为系统的固有频率；ξ 为系统的阻尼比。

ω_n 和 ξ 是二阶系统的两个特征参量，它们是由惯量（质量）、摩擦阻力系数、弹性变形系数等结构参数决定的。对于电气系统，ω_n 和 ξ 则由 R、C、L 物理量组成，它们具有相似的特性。

将 $s = j\omega$ 代入式（2−16）可求出 $A(\omega)$ 和 $\Phi(\omega)$，即该机械传动系统的幅频特性和相频特性。由 $A(\omega)$ 和 $\Phi(\omega)$ 可以分析出系统输入/输出之间不同频率的输入（或干扰）信号对输出幅值和相位的影响，从而反映了系统在不同精度要求状态下的工作频率和对不同频率干扰信号的衰减能力。

2.4.2 力学性能参数对系统性能的影响

机电一体化的机械系统要求精度高、运动平稳、工作可靠，这不仅仅是静态设计（机械传动和结构）所能解决的问题，而是要通过对机械传动部分与伺服电机的动态特性进行分析，调节相关力学性能参数，达到优化系统性能的目的。

通过以上的分析可知，机械传动系统的性能与系统本身的阻尼比 ξ、固

有频率 ω_n 有关。ω_n、ξ 又与机械系统的结构参数密切相关。因此,机械系统的结构参数对伺服系统性能有很大影响。

1. 阻尼的影响

一般的机械系统均可简化为二阶系统,系统中阻尼的影响可以由二阶系统单位阶跃响应曲线来说明。由图 2-39 可知,阻尼比不同的系统,其时间响应特性也不同。当阻尼比 $\xi = 0$ 时,系统处于等幅持续振荡状态,因此系统不能无阻尼。当 $\xi \geqslant 1$ 时,系统为临界阻尼或过阻尼系统。此时,过渡过程无振荡,但响应时间较长。当 $0 < \xi < 1$ 时,系统为欠阻尼系统,此时,系统在过渡过程中处于减幅振荡状态,其幅值衰减得快慢,取决于衰减系数 $\xi\omega_n$。在 ω_n 确定以后,ξ 越小,其振荡越剧烈,过渡过程越长。相反,ξ 越大,则振荡越小,过渡过程越平稳,系统稳定性越好,但响应时间较长,系统灵敏度降低。

因此,在系统设计时,应综合考其性能指标,一般取 $0.5 < \xi < 0.8$ 的欠阻尼系统,既能保证振荡在一定的范围内,过渡过程较平稳,过渡过程时间较短,又具有较高的灵敏度。

2. 摩擦的影响

当两物体产生相对运动或有运动趋势时,其接触面要产生摩擦。摩擦力可分为黏性摩擦力、库仑摩擦力和静摩擦力三种,方向均与运动趋势方向相反。

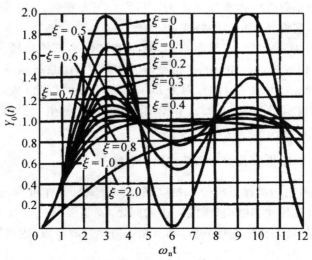

图 2-39 二阶系统单位阶跃响应曲线

图 2-40 反应了三种摩擦力与物体运动速度之间的关系。当负载处于静止状态时，摩擦力为静摩擦力 F_s，其最大值发生在运动开始前的一瞬间；当运动一开始，静摩擦力即消失，此时摩擦力立即下降为动摩擦（库仑摩擦）力 F_c，库仑摩擦力是接触面对运动物体的阻力，大小为一常数；随着运动速度的增加，摩擦力成线性增加，此时摩擦力为黏性摩擦 F_v。由此可见，只有物体运动后的黏性摩擦力是线性的，而当物体静止时和刚开始运动时，其摩擦是非线性的。摩擦对伺服系统的影响主要有：引起动态滞后，降低系统的响应速度，导致系统误差和低速爬行。

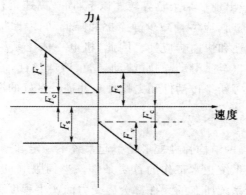

图 2-40　摩擦力速度曲线

在图 2-41 所示机械系统中，设系统的弹簧刚度为 K。如果系统开始处于静止状态，当输入轴以一定的角速度转动时，由于静摩擦力矩 T 的作用，在 $\theta_i \leqslant \left| \dfrac{T_s}{K} \right|$ 范围内，输出轴将不会运动，θ_i 值即为静摩擦引起的传动死区。在传动死区内，系统将在一段时间内对输入信号无响应，从而造成误差。

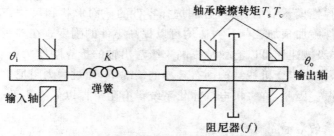

图 2-41　力传递与弹性变形示意图弹性

当输入轴以恒速门继续运动，在 $\theta_i > \left| \dfrac{T_s}{K} \right|$ 后，输出轴也以恒速 Q 运动，但始终滞后输入轴一个角度 θ_{ss}，若黏滞摩擦系统为 f，则有

$$\theta_{ss} = \frac{f\Omega}{K} + \frac{T_c}{K} \qquad\qquad (2\text{-}17)$$

式中，$\frac{f\Omega}{K}$ 为黏滞摩擦引起的动态滞后；$\frac{T_s}{K}$ 为库仑摩擦所引起的动态滞后；θ_{ss} 为系统的稳态误差。

由以上分析可知，当静摩擦大于库仑摩擦，且系统在低速运行时（忽略黏性摩擦引起的滞后），在驱动力引起弹性变形的作用下，系统总是启动、停止的交替变化之中运动，该现象称为低速爬行现象，低速爬行导致系统运行不稳定。爬行一般出现在某个临界转速以下，而在高速运行时并不出现。

设计机械系统时，应尽量减少静摩擦和降低动、静摩擦之差值，以提高系统的精度、稳定性和快速响应性。因此，机电一体化系统中，常常采用摩擦性能良好的塑料（金属滑动导轨，滚动导轨，滚珠丝杠，静、动压导轨；静、动压轴承，磁轴承等新型传动件和支撑件），并进行良好的润滑。

3. 弹性变形的影响

机械传动系统的结构弹性变形是引起系统不稳定和产生动态滞后的主要因素，稳定性是系统正常工作的首要条件。当伺服电机带动机械负载按指令运动时，机械系统所有的元件都会因受力而产生程度不同的弹性变形。其固有频率与系统的阻尼、惯量、摩擦、弹性变形等结构因素有关。当机械系统的固有频率接近或落入伺服系统带宽之中时，系统将产生谐振而无法工作。因此为避免机械系统由于弹性变形而使整个伺服系统发生结构谐振，一般要求系统的固有频率 ω_n 要远远高于伺服系统的工作频率。通常采取提高系统刚度、增加阻尼、调整机械构件质量和自振频率等方法来提高系统抗振性，防止谐振的发生。

采用弹性模量高的材料，合理选择零件的截面形状和尺寸，对轴承、丝杠等支撑件施加预加载荷等方法均可以提高零件的刚度。在多级齿轮传动中，增大末级减速比可以有效地提高末级输出轴的折算刚度。

另外，在不改变机械结构固有频率的情况下，通过增大阻尼也可以有效地抑制谐振。因此，许多机电一体化系统设有阻尼器以使振荡迅速衰减。

4. 惯量的影响

转动惯量对伺服系统的精度、稳定性、动态响应都有影响。惯量大，系统的机械常数大，响应慢。由式（2－16）可以看出，惯量大，ξ 值将减小，从而使系统的振荡增强，稳定性下降；由式（2－15）可知，惯量大，会使系统的固有频率下降，容易产生谐振，因而限制了伺服带宽，影响了伺服精度和响应速度。惯量的适当增大只有在改善低速爬行时有利。因此,机械设计时在不影响系统刚度的条件下,应尽量减小惯量。

2.5　机械系统的运动控制

机电一体化系统要求具有较高的响应速度。影响系统响应速度的因素除控制系统的信息处理速度和信息传输滞后因素的外,机械系统的力学性能参数对系统的响应速度影响非常大。

2.5.1　机械传动系统的动力学原理

图 2-42 所示是带有制动装置的电机驱动机械运动装置,图中 T 为电机的驱动力矩,当加速时 M 为正值,减速时 M 为负值;J 为负载和电机转子的转动惯量;n 为轴的转速;根据动力学平衡原理知:

$$T = J\,\frac{\mathrm{d}\omega}{\mathrm{d}t} \tag{2-18}$$

若 T 为恒定时,可求得

$$\omega = \int \frac{T}{J}\,\mathrm{d}t = \frac{T}{J}t + \omega_0 \tag{2-19}$$

当用转速 n 表示式(2-19)时,得

$$n = \frac{30T}{\pi J}t + n_0 \tag{2-20}$$

式中:ω_0 和 n_0 为初始转速。

由式(2-20)即可求出加速或减速所需时间

$$t = \frac{\pi J(n - n_0)}{30T} \tag{2-21}$$

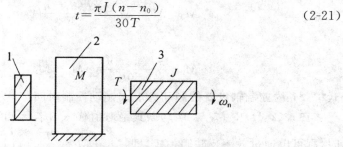

图 2-42　电机驱动机械运动装置

1—制动器;2—电机;3—负载

以上各式中 T 和 J 都是与时间无关的函数。但在实际问题中,例如启动时电机的输出力矩是变化的,机械手装置中转臂至回转轴的距离在回转时也是变化的,因而 J 也随之变化。若考虑力矩 T 和 J 是时间的函数,则

$$T = f_1(t), J = f_2(t)$$

由式(2-19)得

$$\frac{\mathrm{d}\omega}{\mathrm{d}t} = \frac{f_1(t)}{f_2(t)}$$

积分后得

$$\omega = \int \frac{f_1(t)}{f_2(t)} \, \mathrm{d}t +$$

或

$$n = \frac{30}{\pi} \int \frac{f_1(t)}{f_2(t)} \, \mathrm{d}t + n_0 \qquad (2-23)$$

2.5.2　机械系统的制动控制

机械系统的制动问题就是讨论在一定时间内把机械装置减速至预定的速度或减速到停止时的相关问题,如机床的工作台停止时的定位精度就取决于制动控制的精度。

制动过程比较复杂,是一个动态过程,为了简化计算,以下近似地作为等减速运动来处理。

1. 制 动 力 矩

当已知控制轴的速度(转速)、制动时间、负载力矩 M_L、装置的阻力矩 M_f 以及等效转动惯量 J 时,就可计算制动时所需的力矩。因负载力矩也起制动作用,所以也看作制动力矩。下面分析将某一控制轴的转速,在一定时间内由初速 n_0 减至预定的转速 n 的情况,得

$$M_B + M_L + M_f = \frac{\pi J(n_0 - n)}{30t}$$

即

$$M_B = \frac{\pi J(n_0 - n)}{30t} - M_L - M_f \qquad (2-24)$$

式中,M_B 为控制轴设置的制动力矩;t 制动控制时间。

在式(2-24)中 M_L 与 M_f 均以其绝对值代入。若已知装置的机械效率 η 时,则可以通过效率反映阻力矩,即:$M_L + M_f = \frac{M_L}{\eta}$。则上式可写成

$$M_B = \frac{\pi J}{30} \frac{n_0 - n}{t} - \frac{M_L}{\eta} \qquad (2-25)$$

2. 制 动 时 间

机械装置在制动器选定后,就可计算到停止时所需要的时间。这时,制

动力矩 M_B、等效负载力矩 M_L 等效摩擦阻力矩 M_f、装置的等效转动惯量 J 以及制动速度是已知条件。制动开始后,总的制动力矩为

$$\sum M_B = M_B + M_L + M_f \tag{2-26}$$

由式(2-7)得

$$t = \frac{\pi J}{30} \frac{n_0 - n}{\sum M_B} \tag{2-27}$$

3. 制动距离(制动转角)

开始制动后,工作台或转臂因其自身惯性作用,往往不是停在预定的位置上。为了提高运动部件停止的位置精度,设计时应确定制动距离以及制动的时间。

设控制轴转速为 n,直线运动速度为 v_0。当装在控制轴上的制动器动作后,控制轴减速到 n,工作台速度降到 v,试求减速时间内总的转角和移动距离。

根据式(2-20)得

$$n = \frac{1}{60} \left\{ \frac{30t}{\pi J} \left(\sum M_B \right) + n_0 \right\}$$

式中,n 的单位为 r/s。以初速 n_0 转动的控制轴上作用有 $\sum M_B$ 的制动力矩在 t 秒内转了 n_B 转,n_B 的表达式为

$$n_B = \int_0^t n \mathrm{d}t = \frac{1}{60} \left\{ \frac{30t}{\pi J} \left(\sum M_B \right) + n_0 \right\} \mathrm{d}t$$

将式(2-25)带入上式,则有

$$n_B = \frac{1}{2} \frac{n_0 + n}{60} t \tag{2-28}$$

将式(2-27)代入式(2-28),后得

$$n_B = \frac{\pi J}{3600} \frac{(n_0^2 - n^2)}{\sum M_B} \tag{2-29}$$

由式(2-29)可求出总回转角(rad)为

$$\varphi_B = 2\pi n_B = \frac{\pi^2 J}{1800} \frac{(n_0^2 - n^2)}{\sum M_B} \tag{2-30}$$

用类似的方法可推导有关直线运动的制动距离。设初速度为 v_0,终速度为 v,制动时间为 t,且认为是匀减速制动,则制动距离为

$$S_B = \frac{1}{2} \frac{(v_0 + v)}{60} t \tag{2-31}$$

当 t 为未知值时,代入式(2-27)求得 S_B 为

$$S_B = \frac{\pi J}{3600} \frac{(n_0 - n)(v_0 + v)}{\sum M_B} \tag{2-32}$$

2.5.3 机械系统的加速控制

在力学分析时,加速与减速的运动形态是相似的。但对于实际控制问题来说,由于驱动源一般使用电机,而电机的加速和减速特性有差异。此外,制动控制时制动力矩当作常值,一般问题不大,而在加速控制时电机的启动力矩并不一定是常值,所以加速控制的计算要复杂一些。

下面分别讨论加速力矩为常值和随控制轴的转速而变化的两种情况。

1. 加速(启动)时间

计算加速时间分为加速力矩为常值和加速力矩随时间而变化的两种情况。计算时应知道加速力矩、等效负载力矩、等效摩擦阻力矩、装置的等效转动惯量以及转速(速度)。

(1)加速力矩为常值的情况

设 $[M_A]_i$ 为控制轴的净加速力矩、$[M_M]_i$ 为控制轴上电机的加速力矩,则 $[M_A]_i$ 可表示为

$$[M_A]_i = [M_M]_i - [M_L]_i - [M_f]_i \tag{2-33}$$

在概略计算时可用机械效率 η 来估算摩擦阻力矩,得

$$[M_A]_i = [M_M]_i - \frac{[M_L]_i}{\eta} \tag{2-34}$$

加速时间为

$$t = \frac{\pi [J]}{30} \frac{n - n_0}{[M_A]_i} \tag{2-35}$$

式中,n_0,n 为轴的初转速与加速后的转速。

(2)加速力矩随时间而变化

为简化计算,一般先求出平均加速力矩再计算加速时间。计算平均加速力矩的方法有两种:第一种,把开始加速时的电机输出力矩和最大电机输出力矩的平均值作为平均加速力矩;第二种,根据电机输出力矩—转速曲线和负载—转速曲线来求出平均加速力矩。

设 M_{M0} 为开始加速时的电机输出力矩;M_{Mmax} 为加速时间内最大电机输出力矩;M_{Lmax} 为加速时间内最大负载力矩(含阻力矩);M_{Lmin} 为加速时间内负载力矩(含阻力矩)。

求平均加速力矩 M_{Mm} 和平均负载力矩 M_{Lm}:

$$M_{Mm} = \frac{1}{2}(M_{M0} + M_{Mmax}) \tag{2-36}$$

$$M_{Lm} = \frac{1}{2}(M_{Lmax} + M_{Lmin}) \tag{2-37}$$

平均加速力矩 M_{Mm} 可按下式求出，为区别 M_{Mm}，记为 M'_{Mm}，即

$$M'_{Mm} = M_{Mm} - M_{Lm}$$

电机启动力矩特性曲线可以从样本上查到，也可用电流表测量电流来推定，当电机电流一定时，电机的启动力矩与电流成正比，即

$$\frac{启动电源}{标称电源} = \frac{启动力矩}{标称力矩}$$

根据测得的电流值的变化就可推定启动力矩—转速（时间）的特性曲线。

2. 加速距离

设控制轴的初转速为 n_0，直线运动部分的速度为 v_0。当增速到转速为 n、速度为 v 时，求此时间内控制轴总转数 n_A、总回转角 φ_A 和移动距离 s_A。

当平均加速度力矩为一常数时，加速过程中的 n_A、φ_A 和 s_A 的公式与制动过程中的公式类似，加速时间内控制轴的总转数为

$$n_A = \frac{1}{2}\frac{n_0 + n}{60}t$$

借鉴式（2-36），消去 t 后得

$$n_A = \frac{\pi[J]_i}{3600}\frac{n^2 - n_0^2}{M'_{Mm}} \tag{2-38}$$

将式（2-39）中 $M'_{Mm} = M_{Mm} - M_{Lm}$，得

$$n_A = \frac{\pi[J]_i}{1800}\frac{n^2 - n_0^2}{M_{Mm} - M_{Lm}} \tag{2-39}$$

加速过程中轴的回转角为 $\varphi_A = 2\pi n_A$

$$\varphi_A = \frac{\pi^2[J]_i}{1800}\frac{n^2 - n_0^2}{M_{Mm} - M_{Lm}} \tag{2-40}$$

与制动过程类似，加速过程中移动距离为

$$S_A = \frac{\pi[J]_i}{3600}\frac{(n_0 - n)(v_0 + v)}{M_{Mm} - M_{Lm}} \tag{2-41}$$

第3章 机电一体化系统执行元件的选择与设计

执行元件是工业机器人、CNC机床、各种自动机械、信息处理计算机外围设备、办公室设备、车辆电子设备、医疗器械、各种光学装置、家用电器(音响设备、录音机、摄像机、电冰箱)等机电一体化系统(或产品)必不可少的驱动部件,如数控机床的主轴转动、工作台的进给运动以及工业机器人手臂升降、回转和伸缩运动等所用驱动部件即执行元件。由于大多数执行元件已作为系列化商品生产,故在设计机电一体化系统或产品时,可作为标准件选用、外购。

3.1 执行元件的种类、特点及基本要求

3.1.1 执行元件的种类及特点

执行元件根据使用能量的不同,可以分为电气式、液压式和气压式等几种类型,如图3-1所示。电气式是将电能变成电磁力,并用该电磁力驱动运行机构运动的。液压式是先将电能变换为液压能并用电磁阀改变压力油的流向,从而使液压执行元件驱动运行机构运动。气压式与液压式的原理相同,只是将介质由油改为气体而已。其他执行元件与使用材料有关,如使用双金属片、形状记忆合金或压电元件。

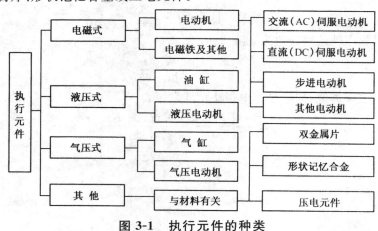

图 3-1 执行元件的种类

（1）电气式执行元件

电气式执行元件包括控制用电动机（步进电动机、DC 和 AC 伺服电动机）、静电电动机、磁致伸缩器件、压电元件、超声波电动机以及电磁铁等。其中，利用电磁力的电动机和电磁铁，因其实用、易得而成为常用的执行元件。对控制用电动机的性能除了要求稳速运转性能之外，还要求具有良好的加速、减速性能和伺服性能等动态性能以及频繁使用时的适应性和便于维修性能。

控制用电动机驱动系统一般由电源供给电力，经电力变换器变换后输送给电动机，使电动机作回转（或直线）运动，驱动负载机械（运行机构）运动，并在指令器给定的指令位置定位停止。这种驱动系统具有位置（或速度）反馈环节的叫闭环系统，没有位置与速度反馈环节的叫开环系统。

（2）液压式执行元件

液压式执行元件主要包括往复运动的油缸、回转油缸、液压电动机等，其中油缸占绝大多数。目前，世界上已开发了各种数字式液压式执行元件，例如电－液伺服电动机和电－液步进电动机，这些电－液式电动机的最大优点是比电动机的转矩大，可以直接驱动运行机构，转矩/惯量比大，过载能力强，适合于重载的高加减速驱动。因此，电－液式电动机在强力驱动和高精度定位时性能好，而且使用方便。对一般的电－液伺服系统，可采用电－液伺服阀控制油缸的往复运动。比数字伺服式执行元件便宜得多的是用电子控制电磁阀开关的开关式伺服机构，其性能适当，而且对液压伺服起辅助作用。

（3）气压式执行元件

气压式执行元件除了用压缩空气作工作介质外，与液压式执行元件无什么区别。具有代表性的气压执行元件有气缸、气压电动机等。气压驱动虽可得到较大的驱动力、行程和速度，但由于空气黏性差，具有可压缩性，故不能在定位精度较高的场合使用。

3.1.2　执行元件的基本要求

执行元件的基本要求如下。

（1）惯量小、动力大

表征执行元件惯量的性能指标：对直线运动为质量 m，对回转运动为转动惯量 J。表征输出动力的性能指标为推力（F）、转矩（T）或功率（P）。对直线运动来说，设加速度为 a，则推力 $F=ma$。

对回转运动来说，设角速度为 ω，角加速度为 ε，则 $P=\omega T$，$\varepsilon=\dfrac{T}{J}$，$T=$

$J\varepsilon$。α 与 ε 表征了执行元件的加速性能。

另一种表征动力大小的综合性指标严称为比功率。它包含了功率、加速性能与转速三种因素,即比功率 $= \dfrac{P\varepsilon}{\omega} = \dfrac{\omega T T}{J\left(\dfrac{1}{\omega}\right)} = \dfrac{T^2}{J}$。

(2)体积小、重量轻

既要缩小执行元件的体积、减轻质量,同时又要增大其动力,故通常用执行元件的单位重量所能达到的输出功率或比功率,即用功率密度或比功率密度来评价这项指标。设执行元件的重量为 G,则功率密度 $= \dfrac{P}{G}$。

比功率密度 $= \dfrac{\left(\dfrac{T^2}{J}\right)}{G}$。

(3)便于维修、安装

执行元件最好不需要维修。无刷 DC 及 AC 伺服电动机就是走向无维修的一例。

(4)宜于微机控制

根据这个要求,用微机控制最方便的是电气式执行元件。因此机电一体化系统所用执行元件的主流是电气式,其次是液压式和气压式(在驱动接口中需要增加电—液或电—气变换环节)。内燃机定位运动的微机控制较难,故通常仅被用于交通运输机械。

3.2 控制用电动机

控制用电动机是电气伺服控制系统的动力部件,是将电能转换为机械能的一种能量转换装置。它有力矩电动机、脉冲(步进)电动机、变频调速电动机、开关磁阻电动机和各种 AC/DC 电动机等。由于其可在很宽的速度和负载范围内进行连续、精确地控制,因而在各种机电一体化系统中得到了广泛的应用。

3.2.1 控制用电动机的种类

在机电一体化系统(或产品)中使用两类电动机,一类为一般的动力用电动机,如感应式异步电动机和同步电动机等;另一类为控制用电动机,如力矩电动机、脉冲电动机、开关磁阻电动机、变频调速电动机和各种 AC/DC 电动机等等。不同的应用场合,对控制用电动机的性能密度的要求也有所不同。对于起停频率低(如几十次/分),但要求低速平稳和扭矩脉动小,高速运行时振动、噪声小,在整个调速范围内均可稳定运动的机械,如 NC 工作机械的进给运动、机器人的驱动系统,其功率密度是主要的性能指标;对于起停频率高(如数百次/分),但不特别要求低速平稳性的产品,如高速打印机、绘图机、打孔机、集成电路焊接装置等主要的性能指标是高比功率。在额定输出功率相同的条件下,交流伺服电动机的比功率最高、直流伺服电动机次之、步进电动机最低。

控制用旋转电动机按其工作原理可分为旋转磁场型和旋转电枢型。前者有同步电动机(永磁)、步进电动机(永磁);后者有直流电动机(永磁)、感应电动机(按矢量控制等效模型),具体地可细分为,DC 伺服电动机(永磁),可分为有槽铁芯电枢型、无槽(平滑型)铁芯电枢型、电枢型(无槽(平滑)铁芯型与无铁芯型);AC 伺服电动机,可分为同步型、感应型;步进电动机可分为变磁阻型(VR)、永磁型(PM)、混合型(HB)。

3.2.2 控制用电动机的基本要求

控制用电动机的基本要求如下:

①控制用电动机的性能密度大。即功率密度和比功率大,电动机的功率密度 $P_G = \dfrac{P}{G}$。电动机的比功率为

$$\frac{\mathrm{d}p}{\mathrm{d}t} = \frac{\mathrm{d}(T\omega)}{\mathrm{d}t} = T_N \frac{\mathrm{d}\omega}{\mathrm{d}t} \bigg|_{T=T_N} = T_N \varepsilon = \frac{T_N^2}{J_m}$$

式中,T_N 为电动机的额定转矩;J_m 为电动机转子的转动惯量。

②控制用电动机的快速性要好,即加速转矩大,频响特性好。

③控制用电动机的位置控制精度高、调速范围宽、低速运行平稳无爬行现象、分辨力高、振动噪声小。

④控制用电动机要适应起、停频繁的工作需求。

⑤可靠性高、寿命长。

3.3 步进电动机

3.3.1 步进电动机的特点与种类

1. 步进电动机的特点

步进电动机又称脉冲电动机。它是将电脉冲信号转换成机械角位移的执行元件。其输入一个电脉冲就转动一步,即每当电动机绕组接受一个电

脉冲,转子就转过一个相应的步距角。转子角位移的大小及转速分别与输入的电脉冲数及频率成正比,并在时间上与输入脉冲同步,只要控制输入电脉冲的数量、频率以及电动机绕组通电相序即可获得所需的转角、转速及转向、很容易用微机实现数字控制。步进电动机的特点是,步进电动机的工作状态不易受各种干扰因素(如电源电压的波动、电流的大小与波形的变化、温度等)的影响,只要在它们的大小未引起步进电动机产生"丢步"现象之前,就不影响其正常工作;步进电动机的步距角有误差,转子转过一定步数以后也会出现累积误差,但转子转过一转以后,其累积误差变为"零",因此不会长期积累;控制性能好,在启动、停止、反转时不易"丢步"。因此,步进电动机被广泛应用于开环控制的机电一体化系统,使系统简化,并可靠地获得较高的位置精度。

2. 步进电动机的种类

步进电动机的种类很多,有旋转式步进电动机,也有直线步进电动机;从励磁相数来分有三相、四相、五相、六相等步进电动机。就常用的旋转式步进电动机的转子结构来说,可将其分为以下三种:

(1)可变磁阻型(VR-Variable Reluctance)

该类电动机由定子绕组产生的反应电磁力吸引用软磁钢制成的齿形转子作步进驱动,故又称作反应式步进电动机。其结构原理如图 3-2 所示。其定子 1 与转子 2 由铁心构成,没有永久磁铁,定子上嵌有线圈,转子朝定子与转子之间磁阻最小方向转动,并由此而得名可变磁型。这类电动机的转子结构简单、转子直径小,有利于高速响应。由于 VR 型步进电动机的铁心无极性,故不需改变电流极性,为此,多为单极性励磁。

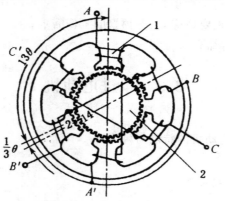

图 3-2 可变磁阻型(反应式)三相步进电动机断面图

1—定子;2—转子

该类电动机的定子与转子均不含永久磁铁,故无励磁时没有保持力。另外,需要将气隙作得尽可能小,例如几个微米。这种电动机具有制造成本高、效率低、转子的阻尼差、噪声大等缺点。但是,由于其制造材料费用低、结构简单、步距角小,随着加工技术的进步,可望成为多用途的机种。

(2)水磁型(PM-Permanent Magnet)

PM 型步进电动机的转子 2 采用永久磁铁、定子 1 采用软磁钢制成,绕组 3 轮流通电,建立的磁场与永久磁铁的恒定磁场相互吸引与排斥产生转矩。其结构如图 3-3 所示。这种电动机由于采用了永久磁铁,即使定子绕组断电也能保持一定转矩,故具有记忆能力,可用作定位驱动。PM 型电动机的特点是励磁功率小、效率高、造价便宜,因此需要量也大。由于转子磁铁的磁化间距受到限制,难于制造,故步距角较大。与 VR 型相比转矩大,但转子惯量也较大。

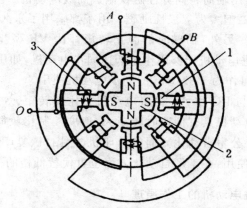

图 3-3　永磁型步进电动机的结构原理图
1—定子;2—转子;3—绕组

(3)混合型(HB-Hybrid)

这种电动机转子上嵌有永久磁铁,故可以说是永磁型步进电动机,但从定子和转子的导磁体来看,又和可变磁阻型相似,所以是永磁型和可变磁阻型相结合的一种形式,故称为混合型步进电动机。其结构如图 3-4 所示。它不仅具有 VR 型步进电动机步距角小、响应频率高的优点,而且还具有 PM 型步进电动机励磁功率小、效率高的优点。它的定子与 VR 型没有多大差别,只是在相数和绕组接线方面有其特殊的地方,例如,VR 型一般都做成集中绕组的形式,每极上放有一套绕组,相对的两极为一相,而 HB 型步进电动机的定子绕组大多数为四相,而且每极同时绕两相绕组或采用桥式电路绕一相绕组,按正反脉冲供电。

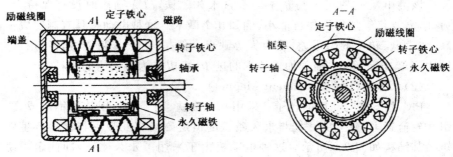

图 3-4　混合型步进电动机结构原理图

这种类型的电动机由转子铁心的凸极数和定子的副凸极数决定步距角的大小,可制造出步距角较小(0.9°～3.6°)的电动机。永久磁铁也可磁化轴向的两极,可使用轴向各向异性磁铁制成高效电动机。

混合型与永磁型多为双极性励磁。由于都采用了永久磁铁,所以,无励磁时具有保持力。另外,励磁时的静止转矩都比 VR 型步进电动机的大。HB 和 PM 型步进电动机能够用作超低速同步电动机,如用 60 Hz 驱动每步1.8°的电动机可作为 72 r/min 的同步电动机使用。

步进电动机与 DC 和 AC 伺服电动机相比其转矩、效率、精度、高速性比较差,但步进电动机具有低速时转矩大、速度控制比较简单、外形尺寸小等优点,所以在办公室自动化方面的打印机、绘图机、复印机等机电一体化产品中得到广泛使用,在工厂自动化方面也可代替低档的 DC 伺服电动机。

3.3.2　步进电动机的工作原理

图 3-5 为反应式步进电动机工作原理图。其定子有六个均匀分布的磁极,每两个相对磁极组成一相,即有 $A-A'$、$B-B'$、$C-C'$ 三相,磁极上绕有励磁绕组。假定转子具有均匀分布的四个齿,当 A、B、C 三个磁极的绕组依次通电时,则 A、B、C 三对磁极依次产生磁场吸引转子转动。

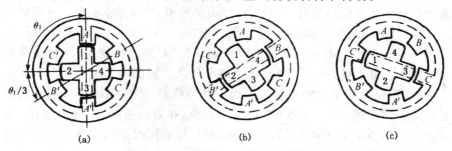

图 3-5　三相反应式步进电动机

如图 3-5(a)所示,如果先将电脉冲加到 A 相励磁绕组,定子 A 相磁极就产生磁通,并对转子产生磁拉力,使转子的 1、3 两个齿与定子的 A 相磁极对齐。而后再将电脉冲通入 B 相励磁绕组,B 相磁极便产生磁通。由图 3-5(b)可以看出,这时转子 2、4 两个齿与 B 相磁极靠得最近,于是转子便沿着反时钟方向转过 30°角,使转子 2、4 两个齿与定子 B 相滋极对齐。如果按照 A→B→C→A 的顺序通电,转子则沿反时针方向一步步地转动,每步转过 30°,这个角度就叫步距角。,显然,单位时间内通入的电脉冲数越多,即电脉冲频率越高,电动机转速就越高。如果按 A→B→C→A⋯的顺序通电,步进电动机将沿顺时针方向一步步地转动。从一相通电换接到另一相通电称为一拍,每一拍转子转动一个步距角。像上述的步进电动机,三相励磁绕组依次单独通电运行,换接三次完成一个通电循环,称为三相单三拍通电方式。

如果使两相励磁绕组同时通电,即按 AB→BC→CA→AB→⋯顺序通电,这种通电方式称为三相双三拍,其步距角仍为 30°。

步进电动机的步距角越小,意味着它所能达到的位置精度越高。通常的步矩角是 1.5°或 0.75°,为此需要将转子做成多极式的,并在定子磁极上制成小齿,如图 3-2 所示。定子磁极上的小齿和转子磁极上的小齿大小一样,两种小齿的齿宽和齿距相等。当一相定子磁极的小齿与转子的齿对齐时,其他两相磁极的小齿都与转子的齿错过一个角度。按着相序,后一相比前一相错开的角度要大。例如转子上有 40 个齿,则相邻两个齿的齿距角是 9°。若定子每个磁极上制成 5 个小齿,当转子齿和 A 相磁极小齿对齐时,B 相磁极小齿则沿反时针方向超前转子齿 1/3 齿距角,即超前 3°,而 C 相磁极小齿则超前转子 2/3 齿距,即超前 6°。按照此结构,当励磁绕组按 A→B→C→A⋯顺序以三相三拍通电时,转子按反时针方向,以 3。步距角转动;如果按照 A→AB→B→BC→C→CA→A→⋯顺序以:三相六拍通电时,步距角将减小一半,为 1.5°。如通电顺序相反,则步进电动机将沿着顺时针方向转动。

步进电动机也可以制成四相、五相、六相或更多的相数,以减小步距角并改善步进电动机的性能。为了减小制造电动机的困难,多相步进电动机常做成轴向多段式(又称顺轴式)三例如,五相步进电动机的定子沿轴向分为 A、B、C、D、E 五段。每一段是一相,在此段内只有一对定子磁极。在磁极的表面上开有一定数量的小齿,各相磁极的小齿在圆周方向互相错开 1/5 齿距。转子也分为五段,每段转子具有与磁极同等数量的小齿,但它们在圆周方向并不错开。这样,定子的五段就是电动机的五相。

与三相步进电动机相同:五相步进电动机的通电方式也可以是五相五拍、五相双五拍、五相十拍等。但是,为了提高电动机运行的平稳性,多采用五相十拍的通电方式。

3.3.3 步进电动机的驱动与控制

步进电动机的运行特性与配套使用的驱动电源(驱动器)有密切关系。驱动电源由脉冲分配器、功率放大器等组成,如图 3-6 所示。驱动电源是将变频信号源(微机或数控装置等)送来的脉冲信号及方向信号按要求的配电方式自动地循环供给电动机各相绕组,以驱动电动机转子正反向旋转。变频信号源是可提供从几赫兹到几万赫兹的频率信号连续可调的脉冲信号发生器。因此,只要控制输入电脉冲的数量及频率就可精确控制步进电动机的转角及转速。

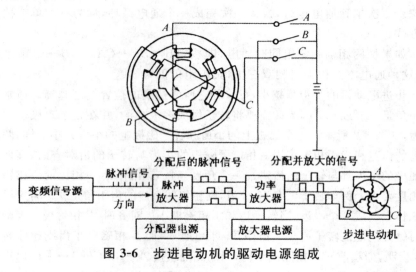

图 3-6 步进电动机的驱动电源组成

1. 环形脉冲分配器

步进电动机的各相绕组必须按一定的顺序通电才能正常工作。这种使电动机绕组的通电顺序按一定规律变化的部分称为脉冲分配器(又称为环形脉冲分配器)。实现环形分配的方法有三种。一种是采用计算机软件,利用查表或计算方法来进行脉冲的环形分配,简称软环分。

另一种是采用小规模集成电路搭接而成的三相六拍环形脉冲分配器,如图 3-7 所示,图中 C_1、C_2、C_3 为双稳态触发器。这种方式灵活性很大,可搭接任意相任意通电顺序的环形分配器,同时在工作时不占用计算机的工作时间。

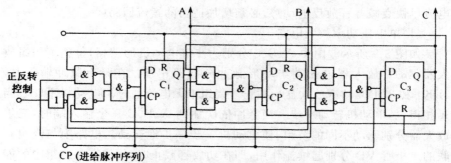

图 3-7　双三拍正、反转控制的环形分配器的逻辑原理图

第三种即采用专用环形分配器器件。如市售的 CH250 即为一种三相步进电动机专用环形分配器。它可以实现三相步进电动机的各种环形分配,使用方便、接口简单。图 3-8(a)为 CH250 的管脚图,图 3-8(b)为三相六拍接线图。

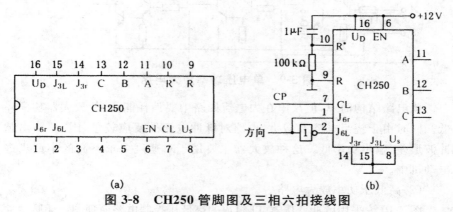

图 3-8　CH250 管脚图及三相六拍接线图

目前市场上出售的环形分配器的种类很多,功能也十分齐全,有的还具有其他许多功能,如斩波控制等,用于两相步进电动机斩波控制的 L297(L297A)、PMM8713 和用于五相步进电动机的 PMM8714 等。

2.功率放大器

从计算机输出口或从环形分配器输出的信号脉冲电流一般只有几个毫安,不能直接驱动步进电动机,必须采用功率放大器将脉冲电流进行放大,使其增大到几至十几安培,从而驱动步进电动机运转。由于电动机各相绕组都是绕在铁心上的线圈,所以电感较大,绕组通电时,电流上升率受到限制,因而影响电动机绕组电流的大小。绕组断电时,电感中磁场的储能元件将维持绕组中已有的电流不能突变。在绕组断电时会产生反电动势,为使电流尽快衰减并释放反电动势,必须增加适当的续流回路。

(1)单电压功率放大电路

如图 3-9 所示。图中 A、B、C 分别为步进电动机的三相,每相由一组放大器驱动。放大器输入端与环形脉冲分配器相连。在没有脉冲输入时,3DK4 和 3DDl5 功率放大器均截止。绕组中无电流通过。电动机不转。当 A 相得电,电动机转动一步。当脉冲依次加到 A、B、C 三个输入端时,三组放大器分别驱动不同的绕组,使电动机一步一步地转动。电路中与绕组并联的二极管 VD 分别起续流作用,即在功放管截止时,使储存在绕组中的能量通过二极管形成续流回路泄放,从而保护功放管。

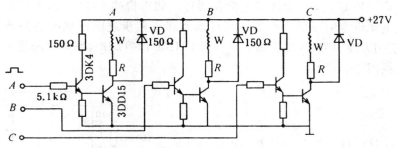

图 3-9　单电压功率放大电路

该电路结构简单,但尺串在大电流回路中要消耗能量,使放大器功率降低。同时由于绕组电感 L 较大,电路对脉冲电流的反应较慢,因此,输出脉冲波形差、输出功率低。这种放大器主要用于对速度要求不高的小型步进电动机中。

(2)高低压功率放大电路

图 3-10 为采用脉冲变压器 TI 组成的高低压控制电路原理图。无脉冲冲入时,VT_1、VT_2、VT_3、VT_4 均截止,电动机绕组 W 无电流通过,电动机不转。

有脉冲输入时,VT_1、VT_2、VT_4 饱和导通,在 VT_2 由截止到饱和期间,其集电极电流,也就是脉冲变压 TI 的一次电流急剧增加,在变压器二次侧感生一个电压,使 VT_3 导通,80 V 的高压经高压管 VT_3 加到绕 W 上,使电流迅速上升,当 VT_2 进入稳定状态后,TI 一次侧电流暂时恒定,无磁通量变化,二次侧的感应电压为零,VT_3 截止。这时,12 V 低压电源经 VD_1 加到电动机绕组 W 上并维持绕组中的电流。输入脉冲结束后 VT_1、VT_2、VT_3、VT_4 又都截止,储存在 W 中的能通过18 Ω的电阻和 VD_2 放电,18 Ω 电阻的作用是减小放电回路的时间常数,改善电流波形的后沿。该电路由于采用高压驱动,电流增长加快,脉冲电流的前沿变陡,电动机的转矩和运行频率都得到了提高。

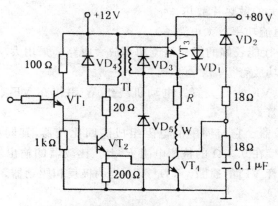

图 3-10　高低压功率放大电路

（3）恒流源功率放大电路

恒流源功率放大电路如图 3-11 所示。当 A 处输入为低电平时 VT$_1$
（3DK2）截止，这时由 VT$_2$（3DK4）及 VT$_3$（3DDl5）组成的达林顿管导通，电流
由电源正端流经电动机绕组 W 及达林顿复合管经由 PNP 型大功率管 VT$_4$
（2955）组成的恒流源流向电源负端。电流的大小取决于恒流源的恒流值，当
发射极电阻减小时，恒流值增大；当电阻增大时，恒流值减小。由于恒流源的
动态电阻很大，故绕组可在较低的电压下取得较高的电流上升率。由于此时
电路为反相驱动，故脉冲在进入恒流源驱动电源前应反相后再送入输入端。

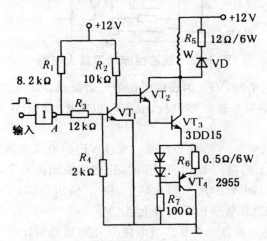

图 3-11　恒流源功率放大电路

恒流源功率放大电路的特点是在较低的电压上有一定的上升率，因而
可用在较高频率的驱动上。由于电源电压较低，功耗将减小，效率有所提
高。由于恒流源管工作在放大区，管压降较大，功耗很大；故必须注意对恒

流源管采用较大的散热片散热。

（4）斩波恒流功率放大电路

图 3-12 是性能较好的斩波恒流功率放大电路。采用大功率 MOS 场效应晶体管作为功放管。

图中 VF_1、VF_2 为开关管。电动机绕组 W 串接在 VF_1、VF_2 之间，VT 为 VF_1 的驱动管。

CP 为比较器。它与周围的电阻组成滞回比较器，其同相端接参考电压 U_R，反相端接在 0.3 Ω 的检测电阻 R_1 上。比较器的输出经 Y、VT 进而控制高压开关管 VF_1 的通断。VD_1、VD_2 为两极反相驱动器，与非门 Y 为高压管的控制门。

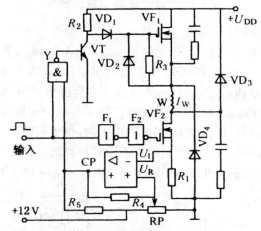

图 3-12　斩波恒流功率放大电路

输入为低电平时，VF2 因栅极电位为零而截止。此时，Y 输出为 1，VT 饱和导通，VF_1 的栅极也是零电位，故 VF_1 也截止，绕组 W 中无电流通过，电动机不转。

输入为高电平时，VF_2 饱和导通。流过 VF_2 的电流按指数规律上升，当在检测电阻 R_1 上的降压 U_1 小于 U_R 时，比较器输出高电平，它与输入脉冲的高电平一起加到 Y 的两个输入端上，使 Y 输出为零，VT 截止，高电压 U_{DD} 经 VD_1 加到高压管 VF_1 的栅极上，使 VF_1 饱和导通，高压 U_{DD} 经 VF，加到绕组 W 上，使电流急速上升。当电流上升到预先调好的额定值后，R_1 上的压降 $U_1 > U_R$，比较器输出低电平，将与非门 Y 关上，Y 输出的高电平使 VT 饱和导通，VF_1 截止。此时，储存在 W 中的能量经 VF_2、VD_4 泄放，电流下降，当电流下降到某一数值时，比较器又输出高电平，经 Y、VT 使 VF_1 再次导通，高压又加到 W 上，电流又上升，升到额定值后，比较器再次翻转，输出低电平,又使 VF_1 关断。这样,在输入脉冲持续期间,VF1 不断的开、关。开启时,U_{DD} 加到 W 上,使上 I_w 升;关断时,W 经 VF_2、VD_4 泄放能量,使 I_w 下降;当输入脉冲结束后,VF_1、VF_2 均截止,储存在 W 中的能量经 VD_3 回馈给电源。可见,在输入脉冲持续期间,VF_1 多次导通给 W 补充电流,使电流平均值稳定在所要求的数值上。

该电路由于去掉了限流电阻,效率显著提高,并利用高压给 W 储能,波的前沿得到了改善,从而可使步进电动机的输出加大,运行频率得以提高。

3. 细分驱动

上述提到的步进电动机的各种功率放大电路都是采用环形分配器芯片进行环形分配,控制电动机各相绕组的导通或截止,从而使电动机产生步进运动,步距角的大小只有两种,即整步工作或半步工作。步距角已由步进电动机结构所确定。如果要求步进电动机有更小的步距角或者为减小电动机振动、噪声等原因,可以在每次输入脉冲切换时,不是将绕组电流全部通入或切除,而是只改变相应绕组中额定电流的一部分,则电动机转过的每步运动也只有步距角的一部分。这里绕组电流不是一个方波,而是阶梯波,额定电流是台阶式的投入或切除,电流分成多少个台阶,则转子就以同样的个数转过一个步距角。这样将一个步距角细分成若干步的驱动方法被称为细分驱动。细分驱动的特点是:在不改动电动机结构参数的情况下,能使步距角减小。但细分后的步距角精度不高,功率放大驱动电路也相应复杂;能使步进电动机运行平稳、提高匀速性、并能减弱或消除振荡。

要实现细分,需要将绕组中的矩形电流波改成阶梯形电流波,即设法使绕组中的电流以若干个等幅等宽度阶梯上升到额定值,并以同样的阶梯从额定值下降为零。

4. 步进电动机的微机控制

步进电动机的工作过程一般由控制器控制,控制器按照设计者的要求完成一定的控制过程,使功率放大电路按照要求的规律驱动步进电动机运行。简单的控制过程可以用各种逻辑电路来实现,但其缺点是线路复杂、控制方案改变困难,自从微处理器问世以来,给步进电动机控制器设计开辟了新的途径。各种单片微型计算机的迅速发展和普及,为设计功能很强而价格低廉的步进电动机控制器提供了条件。使用微型计算机对步进电动机进行控制有串行和并行两种方式。

串行控制:具有串行控制功能的单片机系统与步进电动机驱动电源之间,具有较少的连线将信号送入步进电动机驱动电源的环形分配器,所以在这种系统中,驱动电源中必须含有环形分配器。这种控制方式的示意图如图 3-13 所示。

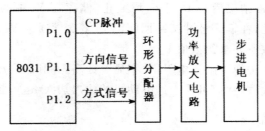

图 3-13　串行控制示意图

并行控制:用微型计算机系统的数个端口直接去控制步进电动机各相驱动电路的方法称为并行控制。在电动机驱动电源内,还包括环形分配器,而其并行控制功能必须由微型计算机系统完成。

系统实现脉冲分配功能的方法有两种:一种是纯软件方法,即完全用软件来实现相序的分配,直接输出各相导通或截止的信号;另一种是软、硬件相结合的方法,这里有专门设计的一种编程器接口,计算机向接口输入简单形式的代码数据,而接口输出的是步进电动机各相导通或截止的信号。并行控制方案的示意图如图 3-14 所示。

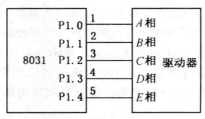

图 3-14　并行控制示意图

步进电动机速度控制:控制步进电动机的运行速度,实际上就是控制系统发出步进脉冲的频率或者换相的周期。系统可用两种办法来确定步进脉冲的周期:一种是软件延时;另一种是用定时器。软件延时的方法是通过调用延时子程序的方法来实现的,它占有 CPU 时间。定时器方法是通过设置定时时间常数的方法来实现的。

步进电动机的加减速控制。对于点一位控制系统,从起点至终点的运行速度都有一定要求。如果要求运行频率(速度)小于系统的极限启动频率,则系统可以按要求的频率(速度)直接启动,运行至终点后可立即停发脉冲串而令其停止。系统在这样的运行方式下其速度可认为是恒定的。但在一般情况下,系统的极限启动频率是比较低的,而要求的运行速度往往较高。如果系统以要求的速度直接启动,因为该频率已超过极限启动频率而不能正常启动,可能发生丢步或根本不能启动的情况。系统运行起来之后,如果到达终点时突然停发脉冲串,令其立即停止,则因为系统的惯性原因,会发生冲过终点的现象,使点一位控制精度发生偏差。因此在点一位控制过程中,运行速度都需要有一个加速—恒速—减速—(低恒速)—停止的过程,如图 3-15 所示。系统在工作过程中要求加减速过程时间尽量短,而恒速时间尽量长。特别是在要求快速响应的工作中,从起点至终点运行的时间要求最短,这就必须要求升速、减速的过程最短,而恒速时的速度最高。

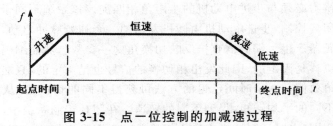

图 3-15　点一位控制的加减速过程

升速规律一般可有两种选择:一是按照直线规律升速,二是按指数规律升速。按直线规律升速时加速度为恒值,因此要求步进电动机产生的转矩为恒值。从电动机本身的矩—频特性来看,在转速不是很高的范围内,输出的转矩可基本认为恒定。但实际上电动机转速升高时,输出转矩将有所下降,如按指数规律升速,加速度是逐渐下降的,接近电动机输出转矩随转速变化的规律。用微机对步进电动机进行加减速控制,实际上就是改变输出步进脉冲的时间间隔。升速时使脉冲串逐渐加密,减速时使脉冲串逐渐稀疏。微机用定时器中断的方式来控制电动机变速时,实际上就是不断改变定时器装载值的大小。一般用离散办法来逼近理想的升降速曲线。为了减少每步计算装载值的时间,系统设计时就把各离散点的速度所需的装载值固化在系统的 EPROM 中,系统运行中用查表方法查出所需的装载值,从而大大减少占用 CPU 时间,提高系统响应速度。

对升降速过程的控制有多种方法,软件编程也十分灵活,技巧很多。此外,利用模拟/数字集成电路也可实现升降速控制,但是实现起来较复杂且不灵活。

步进电动机的闭环控制:开环控制的步进电动机驱动系统,其输入的脉冲不依赖于转子的位置,而是事先按一定的规律给定的。其缺点是电动机的输出转矩、加速度在很大程度上取决于驱动电源和控制方式。对于不同的电动机或者同一种电动机而不同的负载,很难找到通用的加减速规律,因此使提高步进电动机的性能指标受到限制。闭环控制是直接或间接检测转子的位置和速度,然后通过反馈及适当的处理,自动给出驱动的脉冲串。采用闭环控制,不仅可以获得更加精确的位置控制和高得多、平稳得多的转速,而且可以在步进电动机的许多其他领域获得更大的通用性。

步进电动机的输出转矩是励磁电流和失调角的函数。为了获得较高的输出转矩,必须考虑电流的变化和失调角的大小,这对于开环控制来说是很难实现的。根据不同的使用要求,步进电动机的闭环控制也有不同的方案,主要有核步法、延迟时间法、用位置传感器的闭环控制系统等。采用光电脉冲编码器作为位置检测元件的闭环控制原理框图如图 3-16 所示。其中编码器的分辨力必须与步进电动机的步距角相匹配。该系统不同于通常控制技术中的闭环控制,步进电动机由微机发出的一个初始脉冲启动,后续控制脉冲由编码器产生。编码器直接反映切换角这一参数。然而编码器相对于电动机的位移是固定的,因此发出相切换的信号也是一定的,只能是一种固定的切换角数值。采用时间延迟的方法可获得不同的切换角,从而可使电动机产生不同的平均转矩,得到不同的转速。在闭环控制系统中,为了扩大切换角的范围,有时还要插入或删去切换脉冲。通常在加速时要插入脉冲,而在减速时要删除脉冲,从而实现电动机的迅速加减速控制。

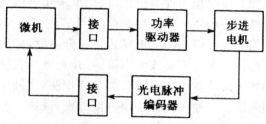

图 3-16　步进电动机闭环控制原理框图

3.4　直流(DC)和交流(AC)伺服电动机

3.4.1　直流(DC)伺服电动机

1.直流(DC)伺服电动机的特性及选用

直流伺服电动机通过电刷和换向器产生的整流作用,使磁场磁动势和电枢电流磁动势正交,从而产生转矩。其电枢大多为永久磁铁。

直流伺服电动机具有较高的响应速度、精度和频率,优良的控制特性等优点。但由于使用电刷和换向器,故寿命较低,需要定期维修。

直流印刷电枢电动机是一种盘形伺服电动机,电枢由导电板的切口成形,裸导体的线圈端部起换向器作用,这种空心式高性能伺服电动机大多用于工业机器人、小型 NC 机床及线切割机床上。

宽调速直流伺服电动机的结构特点是励磁便于调整,易于安排补偿绕组和换向极,电动机的换向性能得到改善,成本低,可以在较宽的速度范围内得到恒转速特性。永久磁铁的宽调速直流伺服电动机的结构如图 3-17 所示。有不带制动器(a)和带制动器(b)两种结构。电动机定子(磁钢)1 采用矫顽力高、不易去磁的永磁材料(如铁氧体永久磁铁)、转子(电枢)2 直径大并且有槽,因而热容量大,结构上又采用了通常凸极式和隐极式永磁电动机磁路的组合,提高了电动机气隙磁通密度。同时,在电动机尾部装有高精密低纹波的测速发电动机并可加装光电编码器或旋转变压器及制动器,为速度环提供了较高的增量,能获得优良的低速刚度和动态性能。因此,宽调速直流伺服电动机是目前机电一体化闭环伺服系统中应用较广泛的一种控制用电动机。其主要特点是调速范围宽、低速运行平稳;负载特性硬、过载能力强,在一定的速度范围内可以做到恒力矩输出,反应速度快,动态响应特性好。当然,宽调速直流伺服电动机体积较大,其电刷易磨损,寿命受到一定限制。一般的直流伺服电动机均配有专门的驱动器。

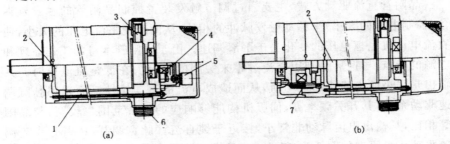

图 3-17 直流伺服电动机

1—定子;2—转子;3—电刷;4—测速电动机;
5—编码器;6—航空插座;7—制动器组件

日本法纳克(FANUC)公司生产的用于工业机器人、CNC 机床、加工中心(MC)的 L 系列(低惯量系列)、M 系列(中惯量系列)和 H 系列(大惯量系列)直流伺服电动机如表 3-12 所示。其中 L 系列适合于在频繁启动、制动场合应用,M 系列是在 H 系列的基础上发展起来的,其惯量较 H 系列小,适合于晶体管脉宽调制(PWM)驱动,因而提高了整个伺服系统的频率响应。而 H 系列是大惯量控制用电动机,它有较大的输出功率,采用六相全波晶闸管整流驱动。表中电动机型号带有 H 标志(如 30 MH)的表示该电动机装有热管冷却器,该电动机的有效尺寸与不带热管冷却器的同型号的相同,但其额定转矩大。

宽调速直流伺服电动机应根据负载条件来选择。加在电动机轴上的有两种负载,即负载转矩和负载惯量。当选用电动机时,必须正确地计算负载,即必须确认电动机能满足在整个调速范围内,其负载转矩应在电动机连续额定转矩范围以内;工作负载与过载时间应在规定的范围以内;应使加速度与希望的时间常数一致。一般讲,由于负载转矩起减速作用,如果可能,加减速应选取相同的时间常数。

值得提出的是惯性负载值对电动机灵敏度和快速移动时间有很大影响。对于大的惯性负载,当指令速度变化时,电动机达到指令速度的时间需要长些。如果负载惯量达到转子惯量的三倍,灵敏度要受到影响,当负载惯量比转子惯量大三倍时响应时间将降低很多,而当惯量大大超过时,伺服放大器就不能在正常条件范围内调整,必须避免使用这种惯性负载。

2. 直流(DC)伺服电动机与驱动

直流伺服电动机为直流供电,为调节电动机转速和方向,需要对其直流电压的大小和方向进行控制。目前常用晶体管脉宽调理驱动和晶闸管直流调速驱动两种方式。

晶闸管直流驱动方式,主要通过调节触发装置控制晶闸管的触发延迟角(控制电压的大小)来移动触发脉冲的相位,从而改变整流电压的大小,使直流电动机电枢电压的变化易于平滑调速。由于晶闸管本身的工作原理和电源的特点,导通后是利用交流过零来关闭的,因此,在低整流电压时。其输出是很小的尖峰值的平均值,从而造成电流的不连续性。而采用脉宽调速驱动系统,其开关频率高,伺服机构能够响应的颤带范围也较宽,与晶闸管相比,其输出电流脉动非常小,接近于纯直流。脉宽调制(PWM)直流调速驱动系统原理如图 3-18 所示。当输入一个直流控制电压 U 时就可得到一定宽度与 U 成比例的脉冲方波来给伺服电动机电枢回路供电,通过改变脉冲宽度来改变电枢回路的平均电压,从而得到不同大小的电压值 U_a,使直流电动机平滑调速。设开关 S 周期性地闭合、断开,闭和开的周期是 T。在一个周期 T 内,闭合的时间是 τ,开断的时间是 $T-\tau$,若外加电源电压 U 为常数,则电源加到电动机电枢上的电压波形将是一个方波列,其高度为 U,宽度为 τ,则一个周期内电压的平均值为

$$U_a = \frac{1}{T}\int_0^\tau U \mathrm{d}t = \frac{\tau}{T}U = \mu U$$

式中,μ 为导通率,又称占空系数,$\mu = \dfrac{\tau}{T}$。当 T 不变时,只要连续地改变

$\tau(0 \sim T)$ 就可以连续地使 U_0 由 0 变化到 U,从而达到连续改变电动机转速的目的。实际应用的 PWM 系统,采用大功率晶体管代替开关 S,其开关频率一般为 2000 Hz,即 T=0.5 ms,它比电动机的机械时间常数小得多,故不至于引起电动机转速脉动。常选用的开关频率为 500～2500 Hz。图中的二极管为续流二极管,当 S 断开时,由于电感 L_a 的存在,电动机的电枢电流 I_a 可通过它形成回路而继续流动,因此尽管电压呈脉动状,而电流还是连续的。

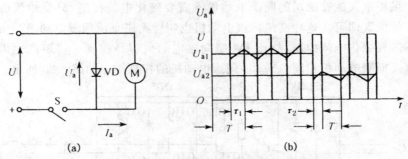

图 3-18　PWM 直流调速驱动系统原理

为使电动机实现双向调速,多采用图 3-19 所示桥式电路,其工作原理与线性放大桥式电路相似。电桥由四个大功率晶体管 $VT_1 \sim VT_4$ 组成。如果在 VT_1 和 VT_3 的基极上加以正脉冲的同时,在 VT_2 和 VT_4 的基极上加负脉冲,这时 VT_1 和 VT_3 导通,VT_2 和 VT_4 截止,电流沿+90V→c→VT_1→d→M→b→VT_3→a→0 V 的路径流通。设此时电动机的转向为正向。反之,如果在晶体管 VT_1 和 VT_3 的基极上加负脉冲,在 VT_2 和 VT_4 的基极上加正脉冲,则 VT_2 和 VT_4 导通,VT_1 和码截止,电流沿+90 V→c→VT_2→b→M→d→VT_4→a→0V 的路径流通,电流的方向与前一情况相反,电动机反向旋转。显然,如果改变加到 VT_1 和 VT_3、VT_2 和 VT_4 这两组管子基极上控制脉冲的正负和导通率 μ,就可以改变电动机的转向和转速。

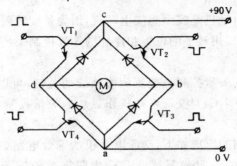

图 3-19　PWM 系统的主回路电气原理

3.4.2　交流(AC)伺服电动机

同步型和感应型伺服电动机称为交流伺服电动机,其基本原理是检测 SM(同步)型和Ⅳ(感应)型的气隙磁场的大小和方向,用电力电子变换器代替整流子和电刷,并通过与气隙磁场方向相同的磁化电流和与气隙磁场方向垂直的有效电流来控制其主磁通量和转矩。

采用永久磁铁磁场的同步电动机不需要磁化电流控制,只要检测磁铁转子的位置即可。这种交流伺服电动机也叫做无刷直流伺服电动机。由于它不需要磁化电流控制,故比 IM 型伺服电动机容易控制。转矩产生机理与直流伺服电动机相同。SM 型伺服电动机的控制构成如图 3-20 所示。

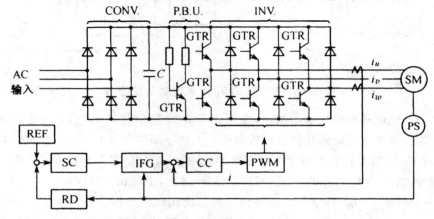

图 3-20　同步(SM)型伺服电动机控制框图

COM—整流器;SM—同步电动机;INV—变换器;PS—磁极位置检测器;
REF—速度基难;IFG—铲电流函数发生器;SC—速度控制放大器;
CC—电流控制放大器;RD—速度变换器;PWM—脉宽调制器;
i_u、i_v、i_w—相电流;P. B. U.—再生电力吸收电路

感应型伺服电动机是笼型感应电动机,因为是旋转磁场,由于气隙磁场难于直接检验,可以用转子的位置和速度的等效控制来代替,其中之一是矢量控制。

交流电动机的矢量控制是交流伺服系统的关键,可以利用微处理器和微型计算机数控(CNC)对交流电动机作磁场的矢量控制,从而获得对交流电动机的最佳控制。

所谓矢量控制的原理如下:交流电动机的等效电路如图 3-21(a)所示。图中、为定子绕组的电阻和漏抗;r_2、X_2 为归算过的转子绕组的电阻和漏抗;r_m 代表与定子铁心相对应的等效电阻;X_m 为与主磁通相对应的铁心电路的电抗；s 为转差率，其电流矢量如图 3-21(b)所示。为了简化控制电路，在忽略 r_1、X_1、r_2、r_m 时，上述等效电路图可简化成图 3-22(a)，电流矢量如图 3-22(b)所示。从电流矢量图可知：$I_1 = \sqrt{I_m^2 + I_2^2}$，而 I_m（励磁电流）可以认为在整个负载范围内保持不变，而电磁转矩 T 是正比于如的。当要求如转矩加大为原来的两倍时，则要求也为原来的两倍。为此，只需将输入电流 I_1 从变成 I'_1 即可。由此可知，所谓矢量控制就是要同时控制电动机输入电流 I_1 的幅值和相位 φ，以得到交流电动机的最佳控制。

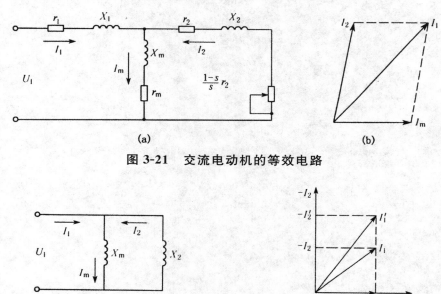

图 3-21　交流电动机的等效电路

图 3-22　简化等效电路

交流伺服系统的工作原理如下：由插补器发出的脉冲经位置控制回路发出速度指令，在比较器中与检测器来的信号（经过 D/A 转换）相与之后，再经放大器送出转矩指令 $M\left(\dfrac{3}{2}\right)k_s I_2 \varphi$，（式中 k_s 为比例常数、I_2 为电枢电流、φ 为有效磁场磁束），至矢量处理电路，该电路由转角计算回路、乘法器、比较器等组成。另一方面，检测器的输出信号也被送到矢量处理电路中的转角计算回路，将电动机的回转位置 θ_r 变换成 $\sin\theta_r$、$\sin\left(\theta_r - \dfrac{2\pi}{3}\right)$ 和 $\sin\left(\theta_r - \dfrac{4\pi}{3}\right)$ 信号，由矢量处理电路输出 $M\sin\theta_r$、$M\sin\left(\theta_r - \dfrac{2\pi}{3}\right)$ 和 $M\sin\left(\theta_r - \dfrac{4\pi}{3}\right)$ 三个电流信号；组放大并与电动机回路的电流检测信号比较之后,经脉宽调制电路(PWM)放大之后,控制三相桥式晶体管电路,使交流伺服电动机按规定的转速旋转,并输出所需要的转矩值。检测器检测出的信号还可送到位置控制回路,与插补器来的脉冲信号进行比较完成位置环控制。

第4章 传感检测系统选择与设计

21世纪是信息化时代,其特征是人类社会活动和生产活动的信息化,传感和检测技术的重要性更为突出。现代信息科学(技术)的三大支柱是信息的采集、传输与处理技术,即传感器技术、通信技术和计算机技术。传感器既是现代信息系统的源头或"感官",又是信息社会赖以存在和发展的物质与技术基础。在机电一体化系统中,传感技术可以说是处在整个系统之首,它的作用很大,相当于整个系统的感觉器官。它不但能够精确、快速地获取信息,而且能够经受严酷环境的考验,是机电一体化系统达到高水平的保证。如果没有这些传感器对系统的状态和信息进行精确可靠的检测,信息的自动处理和控制决策等便无法实现。

4.1 传感检测系统概述

4.1.1 检测系统的功能

检测系统是机电一体化系统的一个基本要素,其功能是对系统运行中所需的自身和外界环境参数及状态进行检测,将其变换成系统可识别的电信号,传递给信息处理单元。如果把机电一体化系统中的机械系统看成人的四肢,信息处理系统看成人的大脑,则检测系统就好比是人的感觉器官。

根据被检测物理量特性的不同,检测系统可以分为:运动学参数检测系统,主要完成位移、速度、加速度及振动的检测;力学参数检测系统,主要检测拉压力、弯扭力矩及应力等;其他物理量检测系统,如温度检测、湿度检测、酸碱度检测、光照强度及声音检测等;图像检测系统,主要是指利用摄像头及图像采集电路来完成图像的输入。

根据检测信号的时间特性不同,检测系统又可分为模拟量检测系统和数字量检测系统。模拟量检测系统完成时间上连续、具有幅值意义的模拟信号的检测;数字量检测系统完成时间上不连续、没有幅值意义的脉冲信号的检测。

4.1.2 检测系统的特性

在满足检测系统基本功能要求的前提下,应以技术上合理可行,经济上节约为基本原则,对设计的检测系统提出基本要求。

1.灵敏度及分辨率

灵敏度 S 是检测系统的一个基本参数。当检测系统的输入 z 有一个微小的增量 $\triangle z$ 时,引起输出 y 发生相应变化 $\triangle y$,则称为该系统的绝对灵敏度。如某位移检测装置在位移变化 1 mm 时,输出的电压变化为 30 mV,则其灵敏度为30 mV/mm。

分辨率是检测系统对被测量敏感程度的另一种表示形式,它是指系统能检测到的被检测量的最小变化。如某位移检测系统的分辨率为0.2 mm,是指当位移变化小于 0.2 mm 时,不能保证系统的输出在允许的误差范围内。一般情况下系统灵敏度越高,其分辨能力就越强,而分辨率高也意味着系统具有高的灵敏度。

原则上说,检测系统的灵敏度应尽可能高一些,高灵敏度意味着它能"感知"到被检测对象的微小变化。但是,高灵敏度或高分辨率系统对信号中的噪声成分也同样敏感,噪声也可能被系统的放大环节放大。如何达到既能检测到微小的被检测量的变化,又能使噪声被抑制到最小程度,是检测系统主要技术目标之一。

对于高灵敏度或高分辨率的检测系统,其有效量程范围往往不是很宽,稳定性也往往不是很好。因此,在选择设计测试系统时,应综合考虑上述各因素,合理确定测试系统的灵敏度及分辨率。

2.精确度

精确度又称准确度,它表示检测系统所获得的检测结果与被测量真值的一致程度,精确度在一定程度上反映出检测系统各类误差的综合情况。精确度越高,表明检测结果中包含系统自身误差和随机误差就越小。

根据误差理论,一个检测系统的精确度取决于组成系统的各环节精确度的最小值。所以在选择设计检测系统时,应该尽可能保持各环节具有相同或相近的精确度。如果某一环节精确度太低,就会影响整个系统的精确度。若不能保证各环节具有相同的精确度,就应该按前面环节精确度高于后面环节精确度的原则布置系统。

选择一个检测系统的精确度,应从检测系统的最终目的及经济情况等方面综合考虑。如为了控制农机具的入土深度而进行的地表不平度的检测,由于入土深度并不要求很高的准确度,则检测系统的精确度也不必选择很高。如果为了控制机械手进行某项精确的作业,其机械手的各位置及姿态检测就应要求达到较高的精确度。另一方面,精确度高的设备或部件,其价格通常也很高,为了获得最佳的系统性能价格比,也应适当、合理地选择检测系统的精确度。

3.系统的频率响应特性

检测系统对不同频率的输入信号的响应总有一定差别,在一定频率范围内保持这种差别最小是十分重要的。系统响应特性表现在两个方面:一是将等幅值不同频率的信号输入给测试系统,其输出信号的幅值不可能保持完全相等,总要有一定的变化,某一频率附近的输出幅值可能大于其他频率的幅值,对于测试系统,这种变化会产生一定的系统误差;二是系统的输出信号和输入信号相比,在时间上总会有一些延迟,显然这种延迟时间越短越好。在选择设计测试系统时,特别是被检测信号频率较高,或要求能对被测量的变化做出快速反应的系统,应该充分考虑检测系统的频率响应特性。

4.稳定性

稳定性是指在规定的测试条件下,检测系统的特性随时间的推移而保持不变的能力。影响系统稳定性的因素主要有环境参数、组成系统元器件的特性等。如温度、湿度、振动情况、电源电压波动情况、元件温度变化系数等。

在被测量不变的情况下,经过一定时间后,其输出发生变化,这种现象称为漂移。如果输入量为零,这种漂移又称零漂。系统的漂移或零漂一般是由系统本身对温度的变化敏感,以及元器件特性不稳定等因素引起的。显然,这种漂移是不希望出现的,设计检测系统时应采取一定措施来减小这种漂移。

5.线性特性

检测系统的线性特性反映了系统的输入、输出能否像理想系统那样保持常值的比例关系。检测系统的线性特性可用系统的非线性度来表示。所谓非线性度是指在有效量程范围内,测量值与由测量值拟合成的直线间最大相对偏差。系统产生非线性度的因素主要是由于组成系统的元件存在非线性,或系统设计参数选择不合理,使某些环节或部件的工作状态进入非线性区。在选择设计检测系统时,非线性度应该控制在一定的范围内。

6.检测方式

检测系统在实际工作条件下的测量方式也是设计选择系统时应考虑的因素之一,如接触式与非接触式检测、在线检测与非在线检测等。不同的检测方式,对系统的要求也有所不同。

对运动学参数量的检测,一般采用非接触式检测方法。接触检测不仅会对被检测量产生一定程度的不良影响,而且存在着许多难以解决的技术问题,如接触状态的变化、检测头的磨损等。对非运动参数的检测,如非运动部件的受力检测、温度检测等,可以或必须采用接触方式进行检测,接触式检测不但更容易获得信号,而且系统的造价也要低一些。

在线检测是指在被检测系统处于正常工作情况下的检测。显然,在线检测可以获得更真实的数据,机电一体化系统中的检测多数为在线检测。在线检测必须在现场实时条件下进行,在选择设计检测系统时应充分考虑系统的工作环境和一些不可控因素对被检测量的影响及对检测系统工作状态的影响。

4.2　机电一体化系统常用传感器

4.2.1　线位移传感器

1.电阻式线位移传感器

电阻式线位移传感器分为电位器式和电阻应变式两种类型。电位器式传感器结构原理如图 4-1 所示。被测部件的移动通过拉杆带动电刷 C 移动,从而改变 C 点的电位,通过检测 C 点的电位即可达到检测 C 点位移的目的。电阻器可以是一段均匀的电阻丝,也可以利用线绕电阻,对小位移的测量也可以采用精密的直线碳膜线性电阻。电阻应变式位移传感器是通过检测弹性元件由于位移而产生应变的原理来间接检测位移的。

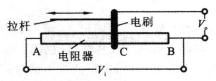

图 4-1　电位器式传感器结构原理

2.电感式线位移传感器

电感式线位移传感器分为差动电感式和差动变压器式两种类型。差动电感式线位移传感器利用磁芯在感应绕组中位置的变化引起两个绕组电感改变的原理来实现位移检测,其结构原理如图 4-2 所示。磁芯一般采用铁氧体,线圈管可采用硬质绝缘树脂管或硬质塑料管,两绕组要求匝数及疏密相同,以保证感抗相同。差动变压器式线位移传感器是在互感传感器基础上,在两个互感绕组中间再增加一个励磁绕组,并利用一定频率的电流进行励磁,产生交变磁场,在绕组 A 和绕组 B 上分别产生感应电压。

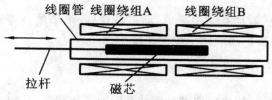

图 4-2　差动电感式线位移传感器结构原理

两种电感式传感器的绕组都接成差动式。差动电感式接线图如图 4-3 所示,两绕组接入交流电桥的邻臂,当两绕组电感不相同时,电桥失去平衡,进而通过电桥的输出检测出磁芯的位移。图 4-4 所示为差动互感式两绕组的接线方法,两绕组反向串接,当磁芯处在中心位置时,两绕组的感应电压相同,方向相反,输出端无输出;当磁芯偏离中心位置时,两绕组的感应电压不等,输出端输出它们的电压差。偏离越大,输出的电压差就越大。通过检测输出端的电压值,即可检测磁芯在绕组中的位置。

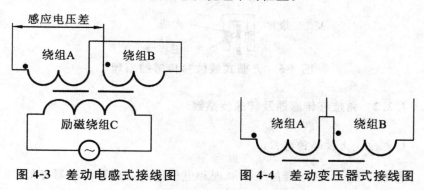

图 4-3　差动电感式接线图　　图 4-4　差动变压器式接线图

电感式线位移传感器具有动态范围宽,分辨率高及线性度好等特点,缺点是回程误差较大。动态范围最大一般可达到 $500 \sim 1000$ mm,非线性度一般小于 1%,最小分辨率可以达到 0.01 μm。

3. 电容式线位移传感器

平行板电容器的电容值 C 取决于极板的有效面积 S,极板间介质的介电常数 ε,以及两极板间的距离 δ,参数之间关系如下:

$$C = \frac{\varepsilon S}{\delta}$$

显然,只要改变其中任意一个参数,就会引起电容值的变化。若改变两极板的有效面积,通过检测电路将电容量的变化转变成电信号输出,即可确定位移的大小。

电容式传感器具有结构简单、动态特性好、灵敏度高等特点,并可用于非接触检测,故被广泛应用于检测系统中。

4.光栅式线位移传感器

光栅式线位移传感器原理如图 4-5 所示。传感器由光栅和光电组件组成,当光栅和光电组件产生相对位移时,光电三极管便产生相应的脉冲信号,通过检测电路(或计算机系统)对产生的脉冲进行计数,即可确定其相对位移量。所谓光栅实际上是一条均匀刻印条纹的塑料带,条纹间距可以做得很小,一般可以做到微米级,以提高位移检测精度。光栅式线位移传感器具有动态范围大、分辨率高等特点,广泛应用在精密仪器和数控机床上。

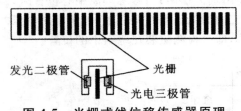

图 4-5 光栅式线位移传感器原理

4.2.2 角位移传感器及转速传感器

1.电阻式角位移传感器

电阻式角位移传感器的工作原理和电位器式线位移传感器相似,不同之处是将电阻器做成圆弧形,电刷绕中心轴作旋转运动,这样,电刷输出的电压就反映了电刷的转角。电阻式角位移传感器具有结构简单、动态范围大、输出信号强等特点;缺点是在圆弧形电阻器各段电阻率不一致情况下,会产生误差。

2.旋转变压器角位移传感器

旋转变压器角位移传感器实际上是初级和次级绕组之间的角度可以改变的变压器。常规变压器的两个绕组之间是固定的,其输入电压和输出电压之比保持常数。旋转变压器励磁绕组和输出绕组分别安装在定子和转子

上,如图 4-6 所示。如果两绕组夹角为 θ,励磁电压为 V_i,则在次级绕组感应的输出电压为

$$V_o = kV_i\cos\theta$$

式中,k 为与绕组匝数及铁芯结构有关的常数。

旋转变压器具有精度高、可靠性好等特点,广泛应用在各种机电一体化系统中。

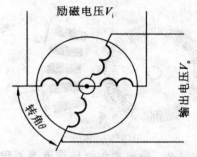

图 4-6 旋转变压器角位移传感器原理

3. 电容式角位移传感器

电容式角位移传感器原理如图 4-7 所示。当动极板产生角位移时,电容器的工作面积发生变化,电容量随之改变,电路检测这种电容量的变化,即可确定角位移。实际电容式角位移传感器可以采用多极板并联,这样,可以在减小体积的同时增大电容量,提高检测精度。

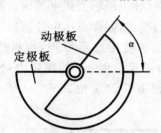

图 4-7 电容式角位移传感器原理

4. 光栅式角位移传感器

与光栅式线位移传感器相比,光栅式角位移传感器将光栅刻印在圆盘的圆周上,当圆盘转动时,光电三极管即有脉冲输出,对脉冲进行计数即可得角位移。为了识别光栅盘的转动方向,可以利用相差 $n+\dfrac{1}{4}$ 个光栅间距

的两个光电组件拾取光栅脉冲。如图 4-8 所示,根据两个脉冲序列的相位差就可以识别方向:如果 A 光电三极管输出的脉冲比 B 提前 1/4 个周期,说明光栅盘逆时针旋转;如果 B 比 A 提前 1/4 个周期,说明光栅盘顺时针旋转。光栅式角位移传感器可以测量任意转角,并可利用增速齿轮将被测转角进行放大,得到高精度的角位移测量值。

如果对光栅的脉冲信号进行等时间段计数,或检测出两相邻脉冲的时间间隔,即可计算出转速。

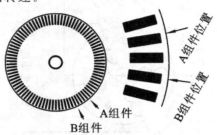

图 4-8　光栅式角位移传感器原理

4.2.3　加速度与速度传感器

1. 压电式加速度传感器

一些晶体材料,如石英、钛酸钡等,受到压力作用发生变形时,其内部发生极化,在材料的表面上会产生电荷,形成电场。压力发生变化时,表面电荷量也会随之发生变化,这种现象称为压电效应。利用压电效应,可以把机械力变化转换成电荷量的变化,制作成压电传感器。

图 4-9 所示为压电加速度传感器原理,当机座在垂直方向产生加速度 a 时,质量块对压电陶瓷片产生 ma 的作用力,使陶瓷片两极产生相应的电荷,通过引线输出到电荷测量电路中,这样,便可得到相应的加速度值。

图 4-9　压电式加速度传感器原理

2. 电磁式速度传感器

电磁式速度传感器原理如图 4-10 所示,其作用是可以用来检测两部件的相对速度。壳体固定在一个试件上,顶杆顶住另一个试件,线圈置于内外磁极构成的均匀磁场中。如果线圈相对于磁场运动,线圈由于切割磁力线而产生感应电动势,其大小为

$$e = BWlv\sin\theta$$

式中,B 为磁场强度;W 线圈匝数;l 为每匝线圈有效长度;v 为线圈与磁场的相对速度;θ 为线圈运动方向与磁场方向的夹角。

上式表明,当 B、W、l、θ 均为常数时,电动势 e 只与相对速度 v 成正比。实际上只要保证磁场宽度足够大,在一定范围内保持均匀,就可满足 B、W、l、θ 为常数的要求。因此,只要顶杆能跟踪试件的运动,通过检测线圈的电动势,即可检测顶杆和壳体的相对运动速度。

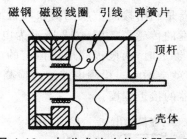

图 4-10　电磁式速度传感器原理

4.2.4　力传感器

1.电阻应变片传感器

弹性体在外力的作用下会产生变形,将电阻应变片粘贴在弹性体表面即可检测到这种变形产生的应变,进而可以检测力的大小。电阻应变片输出为电阻变化,通常,利用惠斯通电桥电路将电阻变化转换成电压的变化。利用应变片在弹性体上布片方式的不同或电阻丝形式的不同,可以检测拉压力、弯矩、扭矩、剪力及压力等。电阻应变片结构简单、使用灵活,被广泛应用在检测系统中。

2.压力传感器

除了可以利用电阻式应变片检测压力外,对液体或气体压力还可以采用其他方法检测。图 4-11 给出了几种常用的压力敏感元件示意图。随着内外压力差不同,这些敏感元件都会产生变形,通过检测变形大小或变形力的大小,即可检测出压力大小。

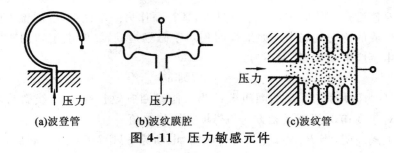

(a)波登管   (b)波纹膜腔   (c)波纹管

图 4-11   压力敏感元件

3. 接近传感器

(1)电容式接近传感器

电容式接近传感器是利用检测被检测对象与检测极板间电容的变化，来检测物体的接近程度的传感器。图 4-12 所示为电容式接近传感器工作原理，当被检测物体足够远时，两极板间形成恒定的电容量，当物体接近两极板时，两极板间电容就会增大。检测电路通过检测极板间电容量的变化，就可获得物体与传感器的接近程度。

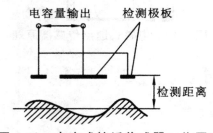

图 4-12   电容式接近传感器工作原理

(2)电感式接近传感器

如果检测对象为钢、铁等磁性材料，可以利用其磁通特性来检测物体的接近程度。图 4-13 所示为电感式接近传感器工作原理，当磁性材料接近传感器时，由于缝隙的减小，磁芯的磁通量增加，线圈的电感也随之增加。通过检测线圈的电感即可得到物体与传感器间的接近程度。

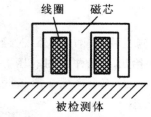

图 4-13   电感式接近传感器工作原理

　　与电容式接近传感器相比,电感式接近传感器的灵敏度会更高一些,检测电路也要简单一些,但被检测物体必须是磁性体。要检测像地面、水面或生物体等对象时,一般可使用电容式接近传感器。如果需要检测非良导电体,如塑料等材料物体的接近程度,上述两种传感器都无能为力,需要利用光电式或其他类型的传感器。

　　(3)光电式接近传感器

　　光电式接近传感器工作原理如图 4-14 所示。发光二极管(或半导体激光管)的光束轴线和光电三极管的轴线在一个平面上,并成一定的夹角,两轴线在传感器前方交于一点。当被检测物体表面接近交点时,发光二极管的反射光被光电三极管接收,产生电信号。当物体远离交点时,反射区不在光电三极管的视角内,检测电路没有输出。一般情况下,送给发光二极管的驱动电流并不是直流电流,而是一定频率的交变电流,这样,接收电路得到的也是同频率的交变信号。如果对接收来的信号进行滤波,只允许同频率的信号通过,可以有效地防止其他杂光的干扰,并可以提高发光二极管的发光强度。

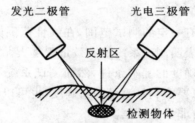

图 4-14　光电式接近传感器工作原理

4.3　传感检测系统设计方法

4.3.1　传感检测系统设计时的考虑因素

　　测试的目的和要求是选择传感测试系统的根本出发点,要达到技术上合理、经济上节约,必须考虑以下因素:

1.灵敏度

　　原则上说,测试系统的灵敏度应尽可能高,这意味着它能检测到被测机械量极微小的变化,即被测量稍有变化,测试系统就有较大的输出。因此,在要求高灵敏度的同时,应特别注意与被测信号无关的外界噪声的侵入,为达到既能检测微小的被测量,又能控制噪声使之尽量低,要求测试系统的信噪比越大越好。灵敏度越高,测量范围越窄,稳定性也越差。

2. 精确度

精确度也称精度,它表示测试系统所获得的测试结果与真值的一致程度,并反映了测试中各类误差的综合。精确度越高,测试结果中所包含的系统误差和随机误差越小,测试系统的精确度越高,价格就越贵。因此从被测对象的实际出发,选用精确度合适的测试系统,以获得最佳的技术经济效益。

3. 动态响应特性

测试系统的响应特性必须在所测频率范围内,并保持不失真条件。此外,响应总有一定延迟,但要求延迟时间越短越好,因此在选用时要充分考虑到被测量变化的特点。

4. 线性范围

任何测试系统都有一定的测试范围,在线性范围内输出与输入成比例关系,线性范围越宽,表明测试系统的有效量程越大。测试系统在线性范围内工作是保证测量精确度的基本条件,然而测试系统不容易保证其绝对的线性,在某些情况下只要能满足测量的精确度,也可以在近似线性的区间内工作,必要时可以进行非线性补偿。

5. 稳定性

表示在规定的条件下,测试系统的输出特性随时间的推移而保持不变的能力,影响稳定性的因素是时间、环境和测试系统的器件的状况。

6. 测量方式

测试系统的测量方式不同,例如,接触式测量和非接触式测量、在线测量和非在线测量等不同的测量方式,对测试系统的要求不同,在线测量是与实际情况更趋一致的测试方法,特别是在实现自动化过程中对测试和控制系统往往要求真实性和可靠性,这就必须在现场实时工作,因此对测试系统有一定的特殊要求。

4.3.2　抗干扰技术

测量仪表或传感器工作现场的环境条件常常是很复杂的,常会遇到各种各样的干扰。这样不仅造成逻辑关系的混乱,使系统测量和控制失灵,降低产品的质量,甚至造成令系统无法正常工作的损坏和事故。因此,排除干扰对测量过程的影响是十分必要的。为了保证测量系统正常工作,必须减弱和防止干扰的影响,如消除或抑制干扰源、破坏干扰途径以及减弱被干扰对象(接收电路)对干扰的敏感性等。通过采取各种抗干扰技术措施,使仪器设备能稳定可靠地工作,从而提高测量的精确度。

1. 屏蔽技术

利用铜或铝等低电阻材料制成的容器,将需要防护的部分包起来或者利用磁导性良好的铁磁材料制成的容器将需要防护的部分包起来,此种防止静电或电磁的相互感应所采用的技术措施称为屏蔽,屏蔽的目的就是隔断场的耦合通道。

(1)静电屏蔽

静电屏蔽就是利用了与大地相连接的导电性良好的金属容器,使其内部的电力线不外传,同时外部的电场也不影响其内部。

(2)电磁屏蔽

电磁屏蔽是采用导电良好的金属材料做成屏蔽层,利用高频干扰电磁场在屏蔽金属内产生的涡流,再利用涡流磁场抵消高频干扰磁场的影响,从而达到抗高频电磁场干扰的效果。将电磁屏蔽妥善接地后,其具有电场屏蔽和磁场屏蔽两种功能。

(3)低频磁屏蔽

电磁屏蔽对低频磁场干扰的屏蔽效果是很差的,因此在低频磁场干扰时,要采用高磁导材料做屏蔽层,以便将干扰限制在磁阻很小的磁屏蔽体的内部,起到抗干扰的作用。

(4)驱动屏蔽

驱动屏蔽是用被屏蔽导体的电位,通过 1∶1 电压跟随器来驱动屏蔽层导体的电位,其原理如图 4-15 所示。具有较高交变电位 U_n 干扰源的导体 A 与屏蔽层 D 间有寄生电容 C_{s1},而 D 与被防护导体 B 之间有寄生电容 C_{s2},Z_i 为导体 B 对地阻抗。为了消除 C_{s1}、C_{s2} 的影响,图中采用了由运算放大器构成的 1∶1 电压跟随器 R。设电压跟随器在理想状态下工作,导体 B 与屏蔽层 D 间绝缘电阻为无穷大,并且等电位。因此在导体 B 外,屏蔽层 D 内空间无电场,各点电位相等,寄生电容 C_{s2} 不起作用,故交变电压 U_n 干扰源 A 不会对 B 产生干扰。

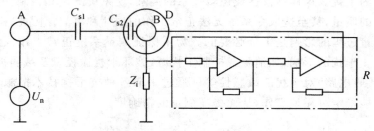

图 4-15　驱动屏蔽原理

2.接地技术

接地是保证人身和设备安全、抗噪声干扰的一种方法,合理地选择接地方式是抑制电容性耦合、电感性耦合及电阻耦合,减小或削弱干扰的重要措施。

（1）安全接地

以安全防护为目的,将电测装置的机壳、底盘等接地,要求接地电阻在10Ω 以下。

（2）信号接地

信号接地是指电测装置的零电位（基准电位）接地线,但不一定真正接大地。信号地线分为模拟信号地线和数字信号地线两种。前者是指模拟信号的零电平公共线,因为模拟信号一般较弱,所以对该种地线要求较高;后者是指数字信号的零电平公共线,数字信号一般较强,因此对该种地线可要求低些。

（3）信号源接地

传感器可看做非电量测量系统的信号源。信号源地线是传感器本身的零电位电平基准公共线,由于传感器与其他电测装置相隔较远,因此它们在接地要求上有所不同。

（4）负载接地

负载中电流一般较前级信号电流大得多,负载地线上的电流在地线中产生的干扰作用也大,因此对负载地线与对测量仪器中的地线有不同的要求。有时二者在电气上是相互绝缘的,它们之间通过磁耦合或光耦合传输信号。

测量系统的接地。通常测量系统至少有三个分开的地线,即信号地线、保护地线和电源地线。这三种地线应分开设置,并通过一点接地,图 4-16说明了这三种地线的接地方式。若使用交流电源,电源地线和保护地线相接,干扰电流不可能在信号电路中流动,避免因公共地线各点电位不均所产生的干扰,它是消除共阻抗耦合干扰的重要方法。

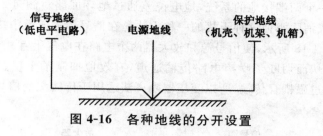

图 4-16　各种地线的分开设置

3.浮置

浮置又称浮空、浮接。它是指测量仪表的输入信号放大器公共线不接机壳也不接大地的一种抑制干扰的措施。

采用浮接方式的测量系统,如图 4-17 所示。信号放大器有相互绝缘的两层屏蔽。内屏蔽层延伸到信号源处接地,外屏蔽层也接地,但放大器两个输入端既不接地,也不接屏蔽层,整个测量系统与屏蔽层及大地之间无直接联系,这样就切断了地电位差对系统影响的通道,抑制了干扰。

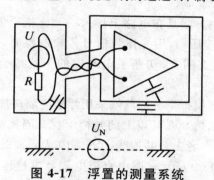

图 4-17　浮置的测量系统

浮置与屏蔽接地相反,是阻断干扰电流的通路。测量系统被浮置后,明显地加大了系统的信号放大器公共线与大地(或外壳)之间的阻抗。因此浮置能大大减小共模干扰电流。但浮置不是绝对的,不可能做到完全浮空。其原因是信号放大器公共线与地(或外壳)之间,虽然电阻值很大,可以减小电阻性漏电流干扰,但是它们之间仍然存在着寄生电容,即电容性漏电流干扰仍然存在。

4.隔离

隔离是破坏干扰途径、切断噪声耦合通道,从而达到抑制干扰目的的一种技术措施。常用的电路隔离方法有变压器隔离法和光耦合器等方法。

（1）变压器隔离

对于一个两端接地的系统，地电位差通过地环回路对测量系统形成干扰。减小或消除类似这种干扰的一种方法是在信号传输通道中接入一个变压器，如图 4-18 所示，使信号源和放大器两个电路在电气上互相绝缘，断开地环回路，从而切断了噪声电路传输通道，有效地抑制了干扰。在此情况下，信号通过磁耦合传输，所以变压器隔离法适用于传输交变信号的电路噪声抑制。

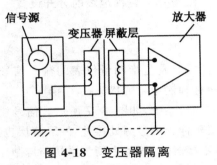

图 4-18　变压器隔离

（2）光耦合器隔离

光电耦合器隔离方法是在电路上接入一个光耦合器，即用一个光耦合器代替图 4-19 中的变压器，用光作为信号传输的媒介，则两个电路之间既没有电耦合，也没有磁耦合，切断了电和磁的干扰耦合通道，从而抑制了干扰。

隔离放大器。在模拟系统的前端采用浮地的隔离放大器能避免形成环路。隔离放大器可以抗 300 V 以上的共模干扰。隔离放大器使输入电路、输出电路、电源电路三者无公共地线。图 4-19 为隔离放大器示意图。其工作原理方框图如图 4-20 所示。图中直流电源经过稳压后给振荡器提供电源，振荡器产生交流电压，通过变压器耦合给输入电路和输出电路供电。三个电源之间无共地连接。输入信号为直流信号，经放大后调制为高频信号，通过变压器耦合至输出电路进行解调、滤波，还原为直流信号输出。这里，输入电路、输出电路、供电电路（图中用虚线分隔成三部分）之间无共地连接，既传输了信号，又避免了接地干扰。

图 4-19　隔离放大器示意图

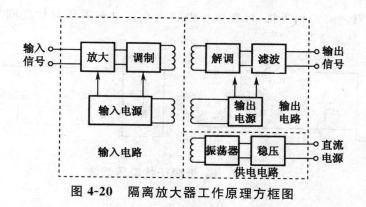

图 4-20　隔离放大器工作原理方框图

5.滤波

　　采用滤波器抑制干扰是最有效的手段之一,特别是对抑制经导线耦合电路中的干扰,它是一种广泛被采用的方法。它是根据信号及噪声频率分布范围,将相应频带的滤波器接入传导传输通道中,滤去或尽可能衰减噪声,达到提高信噪比,抑制干扰的目的。

　　(1)交流电源进线的对称滤波器

　　为防止交流电源的噪声通过电源线进入电测仪器内,在交流电源进线间接入一个防干扰滤波器,如图 4-21、图 4-22 所示,交流电先通过滤波器,滤去电源中的噪声后再输入仪器中。图 4-21 所示的高频干扰电压滤波器用于抑制中频带的噪声干扰,而图 4-22 所示的滤波电路用于抑制电源波形失真而含有较多高次谐波的干扰。

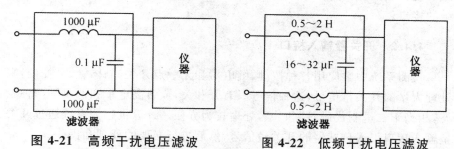

图 4-21　高频干扰电压滤波　　　　**图 4-22　低频干扰电压滤波**

　　(2)直流电源输出的滤波器

　　直流电源往往是几个电路公用的。为削弱公共电源在电路间形成的噪声耦合,对直流电源还需加装滤波器。图 4-23 是滤除高、低频成分的滤波器。

　　(3)去耦滤波器

　　当一个直流电源同时为几个电路供电时,为了避免通过电源内阻造成几个电路之间互相干扰,可在每个电路的直流电源进线与地之间加 π 型 RC 或 LC 滤波器。

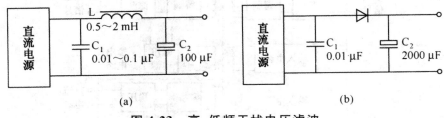

图 4-23　高、低频干扰电压滤波

4.4　传感器检测系统与计算机的接口

4.4.1　传感器与计算机接口的基本方式

在检测系统中,传感器与计算机的接口,是指将模拟式传感器输出的位移、速度、加速度、角位移、角速度、角加速度、压力、流量、温度、扭力、振动等模拟被测物理量,经过放大器、采样保持器、A/D 转换器后输入到微型计算机;或将数字式传感器输出的开关式或数字式被测物理量,经过输入调理和缓冲电路后输入到微型计算机。

如果感测系统中所用的微型计算机为嵌入式结构(如单片机或多片微处理器芯片),则可以将计算机与系统其他部分有机结合在一起,形成单一式结构。当计算机为扩展式结构时,可以将计算机的 I/O 总线作为感测系统的接口。

4.4.2　开关量输入接口

检测系统中常应用各种按键、继电器和无触点开关(晶体管、可控硅)来处理大量的开关量信号,这种信号只有开和关,或者高电平和低电平两种状态,相当于二进制代码"1"和"0",处理较为方便。计算机感测系统通过开关量输入接口引入传感器的开关量信号,然后进行必要的处理和操作。

在计算机检测系统中,常采用通用并行 I/O 芯片来输入开关量信号。若系统不复杂,也可采用三态门缓冲器和锁存器作为 I/O 接口电路。对单片微机而言,因其内部已具有并行 I/O 口,故可直接与外界传输开关量信号。但应注意,开关量输入信号的电平幅度必须与 I/O 芯片的要求相符,若不相符合,则应经过电平转换后,方能输入微机。由于在工业现场中存在各种电场、磁场、噪声等干扰,在输入接口中往往需要设置隔离期间,以抑制干扰的影响。开关量输入接口的主要技术指标是抗干扰能力和可靠性,而不是精度,这一点必须在设计时予以注意。

1. 开关量输入接口电路

开关量输入接口电路主要由输入调理电路、输入缓冲器和输入地址译码器等组成。

2. 输入调理电路

开关量输入接口的基本功能就是接收来自由传感器获取的状态信号。这些状态信号的形式可能是电压、电流或开关的触点闭合,因此会引起瞬时高压、过电压、接触抖动等现象。为了将外部开关量信号输入到计算机,必须将现场输入的状态信号经过转换、保护、滤波、隔离等措施转换成计算机能够接收的逻辑信号。这些功能成为信号调理。

3. 输入缓冲器

输入缓冲器通常采用三态门缓冲器 74LS244,74LS244 有 8 个通道,可输入 8 个开关状态量。被测状态信息通过三态门缓冲器输送到计算机的数据总线上。

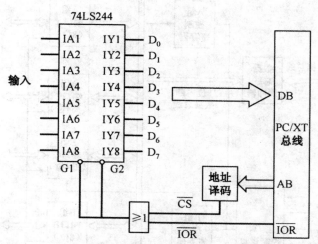

图 4-24　采用三态门缓冲器 74LS244 的输入接口电路

由于输入接口是直接挂在计算机总线上的,所以要求该接口只有在计算机读取其信号时才与总线接通,而其他时间接口都必须与总线断开,以确保计算机能正常工作。图 4-24 所示为采用三态门缓冲器 74LS244 的输入接口电路。当片选信号为高电平时,三态门缓冲器为高阻状态,总线与接口相当于断开。当片选信号为低电平时，三态门缓冲器将输入数据送入总线。

4.4.3　数字量输入接口

数字型传感器输出的数字量可通过三态门缓冲器或并行接口芯片传送给计算机。通过三态门缓冲器的输入接口与上面所述的开关量接口相同。以下介绍可编程并行输入/输出接口芯片。

1. 可编程并行输入/输出接口

可编程并行输入/输出接口芯片，是微型计算机接口中最常用的芯片，它们的特点是硬件连接简单，接口功能强，使用灵活。图 4-25 所示为 Intel 公司生产的 8255A 可编程并行输入/输出接口芯片的内部结构图。它由以下三部分组成。

（1）与微机的接口部分

这部分通过数据缓冲器与内部数据总线相连，缓冲器是 1 个 8 位双向三态门缓冲器。所有的输入输出数据，以及对 8255A 发出的控制字和从 8255A 读入的状态信息，都是通过这个缓冲器传送的。$\overline{RD}$（读）、$\overline{WR}$（写）、$\overline{CS}$（片选）及 RESET（复位）是控制信号线。

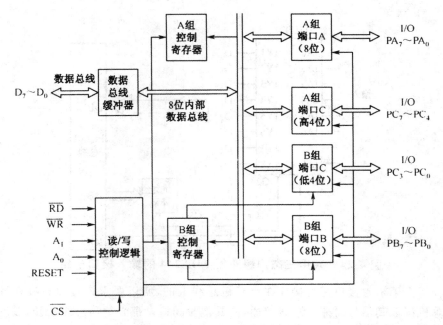

图 4-25　8255A 内部结构图

（2）与外设的接口部分

这部分共有 3 个 8 位的端口：A 口、B 口和 C 口。其中 C 口又分为 C 口上半部和 C 口下半部。A、B 和 C 三个端口的工作模式可通过程序来选择。

（3）逻辑控制部分

8255A 的编程选择是通过将控制字写入控制寄存器来实现的。

2. 地址译码

在计算机感测系统中，许多接口都挂在总线上，但在任一时刻只能有一个接口通过总线输出数据，或者只能有一个或几个接口读入数据，否则就会造成混乱。某一个接口能否把它的数据送到数据总线上或从数据总线上读数，就看它与数据总线相连的三态门缓冲器或锁存器是否接收到片选信号。片选信号是否出现由计算机的程序所设定。当计算机执行从某一个接口"读数据"的指令时，首先把这个接口的地址放到地址总线上，并使读控制线（RD）变为低电平。各接口的译码电路会对地址线上的地址进行译码，只有地址号与地址总线上的被选地址一致的那个接口才被选中，于是该接口上的数字信号就被送到数据总线上供计算机读取。同样，计算机向接口"写数据"也有类似的过程。可见译码电路是接口电路的一个重要组成部分。以下以 3－8 译码器 74LS138 为例说明地址译码器的原理，如图 4-26 所示。

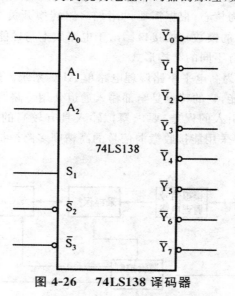

图 4-26　74LS138 译码器

当图中片选信号为高电平时，芯片未被选中，所有 8 个输出端都为高电平。当片选信号为低电平时，A_0、A_1 和 A_2 的 3 位二进制数共有 8 个状态，每种状态都对应某一个输出端为低电平，而其他输出端为高电平，片选信号可采用其他译码电路的输出信号构成高位地址 XX,则 A_0、A_1 和 A_2 的 8 个状态可以给出 XXOH~XX7H 等 8 个地址,对应 8 个接口中的某一个被选中。将最终的译码结果 Y_0,Y_1,…,Y_7 和计算机的读(或写)信号相"或",作为输入接口三态门缓冲器的片选信号(或接输出接口锁存器的片选信号),就能保证计算机与各接口正常进行数据交换。

4.4.4　模拟量输入接口

对模拟信号的处理主要是为改善传感器输出的模拟信号质量而采取的一系列措施,如信号放大、硬件滤波、函数拟合、非线性补偿、信号的压缩与展开等。模拟信号经处理后,一般需要将模拟量转换成数字量,以便采用计算机系统做进一步的处理、分析和存储等。这种模拟信号到对应数字信号的转换是由模拟量输入接口(模数转换接口)实现的。

1.利用集成 A/D 转换器构成的模数转换接口

(1)一般结构及特点

模数转换接口的作用是,将传感器模拟接口电路调理过的模拟信号转换成适合计算机处理的数字量,并送入计算机数据通道中。集成 A/D 转换器(简称 ADC)是集成在一块芯片上,完成模拟输入信号向数字信号转换的电路单元。以其为核心,根据需要再附加多路转换开关和采样保持放大器等,就可构成完整的模数转换接口。出于电路成本与性能方面的不同要求,模数转换接口可有不同的结构形式。

图 4-27 所示为高电平单路调理电路单 ADC 系统。这种结构具有较低的成本和电路性能,它的特点是全部输入通道公用一路调理电路。另外,为了减小多路开关引入的误差,要求模拟输入具有较高的电平(通常应高于1 V),否则就需要采用能接收微弱信号的高精度多路模拟开关。

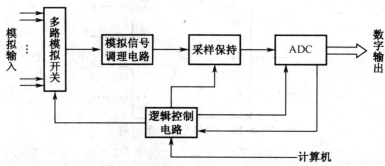

图 4-27　高电平单路调理电路单 ADC 系统

图 4-27 所示为低电平多路调理电路单 ADC 系统。它是一种最常见的数据采集系统,具有较高的性能,每个通道均有各自的信号调理电路,通过多路模拟开关分时与采样保持电路相连。这种电路结构中的模拟输入一般为低电平的微弱信号,经过调理电路后,可以将较高的电平送入多路转换开关。由于模拟开关处理的是高电平模拟信号,因此其可能引起的误差远比图 4-28 所示的误差电路小。

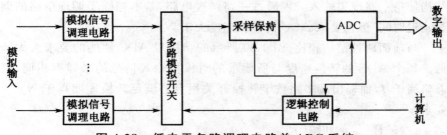

图 4-28　低电平多路调理电路单 ADC 系统

图 4-29 所示为多路调理电路和多路 ADC 系统。它将转换成的数字量自一个多路数字开关送入计算机系统。这种结构的成本较高,但具有较高的性能。

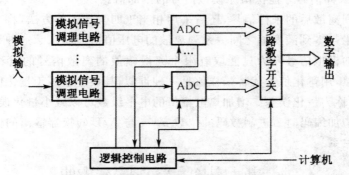

图 4-29　多路调理电路和多路 ADC 系统

模数转换接口除了具有高分辨率和高精度外,还有一个重要的指标就是采样率。对一个由模拟信号调理电路和模数转换接口组成的数据采集系统而言,模拟调理电路的带宽和模数转换接口的转换速度必须与系统的采样率指标相匹配。对于同样的系统采样率要求,通过采用不同结构的模数转换接口,可以改变对 ADC 的性能要求,从而可以用廉价、低性能的 ADC 实现较高性能的数据转换功能。

对图 4-27 和图 4-28 所示的结构而言,各路模拟输入信号的采样由同一路 ADC 实现,如果采集 N 路模拟信号,每一路输入的采样率为 f,则

ADC 本身的转换速度至少要达到 Nf 图 4-27 所示的系统中,多路输入信号的模拟调理由同一路模拟信号调理电路实现,这种结构适用于各路模拟输入信号有近似一致的特性,如动态范围相近的情况,当各路模拟信号的动态范围变化较大时,调理电路增益往往要求可调。由于在多路模拟开关中选中一路新的模拟输入信号与启动 ADC 转换之间,调理电路需要一定的处理时间。因而要求 ADC 的实际转换速度远大二于 Nf。图 4-28 所示的结构使每一路模拟输入分别通过一路调理电路,基本消除了调理电路的调整延迟时间,但仍要求 ADC 的转换速度大于 Nf。

与前面两种结构相比,图 4-29 所示的结构对 ADC 性能的要求大大降低。每个 ADC 的转换速度与所要求的对模拟输入信号的采样率相同,只需略高于 f,而输出端多路数字转换开关很容易满足转换速度高于 Nf 的要求。

(2)采样、量化和编码

由模拟量转换为数字量包括采样、量化和编码三个阶段。采样即按照一定的时间间隔从连续的模拟信号中抽取一系列时间的离散样值,采样频率由奈奎斯特采样定理决定,即只有采样频率大于模拟信号中最高频率的 2 倍时,采样信号才能保留原模拟信号的全部信息。

时间离散后的采样信号,还需采用相当于四舍五入的方法,将其信号幅值及电平与零到满度值之间一系列离散的电压值对应起来。这种将幅值连续取值的模拟信号变为只能取有限个离散幅值的离散信号的过程称为量化。显然,用量化值去代替采样值是一种近似,其误差值等于量化值与采样值之差,称为量化误差。增加离散幅值的电平级数可以减小量化误差,相应地需要增加编码时二进制数码的位数 n。n 与 A/D 转换器输出的信噪比存在如下关系

$$信噪比 = 10 \lg (\frac{2}{q})^2 = 6.02(n+1) \text{dB}$$

式中,q 为量化步长的归一化值。

编码就是用一定位数的二进制数码来表示采样信号的量化幅值。一般编码与量化是同时完成的。通常所用的码制是二进制原码,在 A/D 转换器中的左起第一位数字位称为最高有效位(MSB),它的权重是 1/2 FS(FS 表示满刻度幅度),第二位的权重是 1/4 FS,依此类推,最后一位称为最低有效位(LSB),它的权重值为 2^{-n}FS。

2.利用电压—频率转换器构成的模数转换接口

电压—频率转换器(VF C)是将电压或电流转换成脉冲序列,该脉冲序

列的瞬时频率精确地与输入模拟量成正比。VFC 的输出连续地跟踪输入信号,直接响应输入信号的变化,且不需外部时钟同步。严格说来,VFC 实际上是一种模拟模拟转换电路,因为电压和频率均为模拟量。由于频率信号可用数字方法测量,所以很容易实现模数转换。它对低速率的转换是很适用的,在高分辨力模数转化、数据计算、数字电压表、两线式高抗干扰度的数据传输及遥测中都有广泛的应用。在用 VFC 实现 ADC 时,可不必加采样/保持电路,因为其输出总是对应于输入信号的平均值。

4.5　传感器在数控机床中的应用

1. 位移检测

位移检测的传感器主要有脉冲编码器、直线光栅、旋转变压器、感应同步器等。

(1)脉冲编码器的应用

脉冲编码器是一种角位移(转速)传感器,它能够把机械转角变成电脉冲。脉冲编码器可分为光电式、接触式和电磁式三种,其中,光电式应用比较多。

(2)直线光栅的应用

直线光栅是利用光的透射和反射现象制作而成,常用于位移测量,分辨力较高,测量精度比光电编码器高,适应于动态测量。在进给驱动中,光栅尺固定在床身上,其产生的脉冲信号直接反映了拖板的实际位置。用光栅检测工作台位置的伺服系统是全闭环控制系统。

(3)旋转变压器的应用

旋转变压器是一种输出电压与角位移量成连续函数关系的感应式微电动机。旋转变压器由定子和转子组成,具体来说,它由一个铁心、两个定子绕组和两个转子绕组组成,其原、副绕组分别放置在定子、转子上,原、副绕组之间的电磁耦合程度与转子的转角有关。

(4)感应同步器的应用

感应同步器是利用两个平面形绕组的互感随位置不同而变化的原理制成的。其功能是将角度或直线位移转变成感应电动势的相位或幅值,可用来测量直线或转角位移。按其结构可分为直线式和旋转式两种。直线式感应同步器由定尺和滑尺两部分组成,定尺安装在机床床身上,滑尺安装于移动部件上,随工作台一起移动;旋转式感应同步器定子为固定的圆盘,转子为转动的圆盘。感应同步器具有较高的精度与分辨力、抗干扰能力强、使用寿命长、维护简单、长距离位移测量、工艺性好、成本较低等优点。直线式感应同步器目前被广泛地应用于大位移静态与动态测量中，例如用于三坐标测量机、程控数控机床、高精度重型机床及加工中心测量装置等。旋转式感应同步器则被广泛地用于机床和仪器的转台以及各种回转伺服控制系统中。

2.位置检测

位置传感器可用来检测位置，反映某种状态的开关，与位移传感器不同。位置传感器有接触式和接近式两种。

（1）接触式传感器的应用

接触式传感器的触头由两个物体接触挤压而动作，常见的有行程开关、二维矩阵式位置传感器等。行程开关结构简单、动作可靠、价格低廉。当某个物体在运动过程中，碰到行程开关时，其内部触头会动作，从而完成控制，如在加工中心的 X、Y、Z 轴方向两端分别装有行程开关，则可以控制移动范围。二维矩阵式位置传感器安装于机械手掌内侧，用于检测自身与某个物体的接触位置。

（2）接近开关的应用

接近开关是指当物体与其接近到设定距离时就可以发出"动作"信号的开关，它无须和物体直接接触。接近开关有很多种类，主要有自感式、差动变压器式、电涡流式、电容式、干簧管、霍尔式等。

接近开关在数控机床上的应用主要是刀架选刀控制、工作台行程控制、油缸及汽缸活塞行程控制等。

霍尔传感器是利用霍尔现象制成的传感器。将锗等半导体置于磁场中，在一个方向通以电流时，则在垂直的方向上会出现电位差，这就是霍尔现象。将小磁体固定在运动部件上，当部件靠近霍尔元件时，便产生霍尔现象，从而判断物体是否到位。

3.速度检测

速度传感器是一种将速度转变成电信号的传感器，既可以检测直线速度，也可以检测角速度，常用的有测速发电动机和脉冲编码器等。

测速发电动机具有以下特点：输出电压与转速严格成线性关系；输出电压与转速比的斜率大；可分成交流和直流两类。

脉冲编码器在经过一个单位角位移时，便产生一个脉冲，配以定时器便可检测出角速度。

在数控机床中，速度传感器一般用于数控系统伺服单元的速度检测。

4.压力检测

压力传感器是一种将压力转变成电信号的传感器。根据工作原理,可分为压电式传感器、压阻式传感器和电容式传感器。它是检测气体、液体、固体等所有物质间作用力能量的总称,也包括测量高于大气压的压力计以及测量低于大气压的真空计。电容式压力传感器的电容量由电极面积和两个电极间的距离决定,因灵敏度高、温度稳定性好、压力量程大等特点近来得到了迅速发展。在数控机床中,可用它对工件夹紧力进行检测,当夹紧力小于设定值时,会导致工件松动,系统发出报警,停止走刀。另外,还可用压力传感器检测车刀切削力的变化。再者,它还在润滑系统、液压系统、气压系统被用来检测油路或气路中的压力,当油路或气路中的压力低于设定值时,其触点会动作,将故障信号送给数控系统。

5.温度检测

温度传感器是一种将温度高低转变成电阻值大小或其他电信号的一种装置。常见的有以铂、铜为主的热电阻传感器,以半导体材料为主的热敏电阻传感器和热电偶传感器等。在数控机床上,温度传感器用来检测温度从而进行温度补偿或过热保护。

在加工过程中,电动机的旋转、移动部件的移动、切削等都会产生热量,且温度分布不均匀,造成温差,使数控机床产生热变形,影响零件加工精度,为了避免温度产生的影响,可在数控机床上某些部位装设温度传感器,感受温度信号并转换成电信号送给数控系统,进行温度补偿。

此外,在电动机等需要过热保护的地方,应埋设温度传感器,过热时通过数控系统进行过热报警。

6.刀具磨损监控

刀具磨损到一定程度会影响到工件的尺寸精度和表面粗糙度,因此,对刀具磨损要进行监控。当刀具磨损时,机床主轴电动机负荷增大,电动机的电流和电压也会变化,功率随之改变,功率变化可通过霍尔传感器检测。功率变化到一定程度,数控系统发出报警信号,机车停止运转,此时,应及时进行刀具调整或更换。

第5章 控制系统设计

机电一体化系统中的控制系统部分是整个系统的"大脑"与"神经",指挥着整个系统中各部件协调工作,控制主要包括控制理论、计算机控制接口技术和伺服驱动控制技术。控制系统设计是综合运用各种知识的过程,不同产品所需要的控制功能、控制形式和动作控制方式也不尽相同。由于采用微机作为机电一体化系统或产品的控制器,因此,其控制系统的设计就是选用微机、设计接口、选用控制形式和动作控制方式的问题。

5.1 控制系统概述

控制是指为达到某种目的,对某些对象施加所需的操作。目前,控制已相当广泛地应用在各行各业,如温度控制、微机控制等。在机电系统中,控制更是无处不在,任何技术设备、机器和生产过程都必须按照预定的要求运行。例如,数控机床要加工出高精度的零件,就必须保证刀架的位置准确地跟随进给;热处理炉要提供合格的产品,就必须严格控制炉温等。其中,数控机床和热处理炉是用于工作的机器设备;刀架位置和炉温是表征这些机器设备工作状态的物理量。常把这些用于工作的机器设备称为被控量(或被控对象),相对被控量而言,给定量(或控制量)就是刀架位置和炉温等。因此,控制的基本任务可概括为使被控量与给定量等值。

为了实现各种复杂的控制任务,首先要将被控量和控制装置按照一定的方式连接起来形成一个有机体,这个有机体称为控制系统。按照控制理论描述,机电一体化自动控制系统框图如图 5-1 所示。

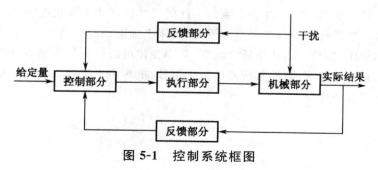

图 5-1 控制系统框图

5.2　控制系统的数学模型

5.2.1　机械系统

从运动学的观点来看,机械系统可分为两大类,即平移系统和旋转系统。它们之间的区别是前者输入量为力,输出量为位移或速度;而后者的输入量为转矩,输出量为转角或角速度。

1.机械平移系统

现分析一个组合机床动力滑台在铣平面时的运动情况。在随时间变化的切削力 $f(t)$ 的作用下,滑台往复运动,位移为 $y(t)$。为了分析这一系统,将其简化成图 5-2 所示的质量—阻尼—弹簧系统。图中,m、c 和 k 分别表示滑台系统的当量质量、黏性阻尼系数和弹簧刚度。

在这个机械平移系统中,输入量为切削力 $f(t)$,输出量为位移 $y(t)$。

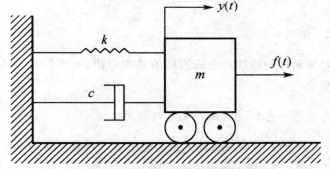

图 5-2　由组合机床动力滑台简化的质量—阻尼—弹簧系统

根据牛顿第二定律写出这个机械平移系统的微分方程

$$f(t) - c\frac{\mathrm{d}y(t)}{\mathrm{d}t} - ky(t) = m\frac{\mathrm{d}^2 y(t)}{\mathrm{d}t^2}$$

在实际应用时,根据具体工作情况、结构特点、负荷种类,可对上述微分方程进行简化,忽略一些次要因素。如系统的刚性很大、阻尼很小时,则可不考虑弹性变形与阻尼的影响,只考虑质量 m,则微分方程为

$$m\frac{\mathrm{d}^2 y(t)}{\mathrm{d}t^2} = f(t)$$

例如,重型机床工作台的移动,工作台刚性大,弹性变形小,采用静压导轨使阻尼很小,且工作在低速情况下,则可只考虑工作台的惯性力影响。

2.机械旋转系统

通常定轴旋转的机械系统都可以简化为图 5-3 所示的由转动惯量为 J 的转子、扭转刚度为尼的弹性轴和黏性阻尼系数为 c 的阻尼器组成的机械旋转系统。

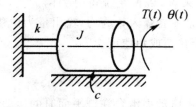

图 5-3　机械旋转系统

若此机械旋转运动系统的输入量为转矩 T,输出量为由其引起的偏离平衡位置的角位移 θ,根据牛顿第二定律可列出其微分方程

$$J\frac{\mathrm{d}^2\theta(t)}{\mathrm{d}t^2}+c\frac{\mathrm{d}\theta(t)}{\mathrm{d}t}+k\theta(t)=T(t)$$

5.2.2　电气系统

根据电气元件的特性及电磁回路的基本定律,可以列写描述电气系统的微分方程。

1.具有电感—电容—电阻的无源四端网络

如图 5-4 所示 LRC 电路,输入量为电压 $u_i(t)$,输出量为电压 $u_o(t)$,回路中电流为 $i(t)$。由基尔霍夫定律可知

$$LC\frac{\mathrm{d}^2u_o(t)}{\mathrm{d}t^2}+RC\frac{\mathrm{d}u_o(t)}{\mathrm{d}t}+u_o(t)=u_i(t) \tag{5-1}$$

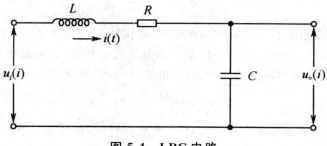

图 5-4　LRC 电路

2. 他激式直流电动机

他激式直流电动机在控制系统中是常用的执行机构。图 5-5 为他激式直流电动机的原理图。它既有电磁运动,又有机械运动。下面以电枢外加电压 $u_i(t)$ 为输入量,以电动机轴的角速度 ω 为输出量来列写微分方程。

电枢回路微分方程式为

$$L\frac{\mathrm{d}i}{\mathrm{d}t}+Ri+K_e\omega=u_i$$

式中,K_e 为电动机的反电势常数;ω 为电动机轴的角速度;L 为电枢绕组电感;R 为电枢电阻;i 为电枢电流。

上述微分方程式说明输入电压 $u_i(t)$,与电枢电感压降 $L\frac{\mathrm{d}i}{\mathrm{d}t}$、电枢电阻压降 Ri 及电枢反电动势 $e_b=K_e\omega$ 国相平衡。

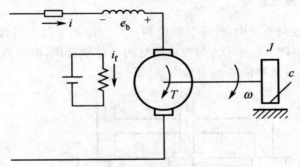

图 5-5　他激式直流电动机

电动机轴上机械运动方程式为

$$J\frac{\mathrm{d}\omega}{\mathrm{d}t}=T-T_L \tag{5-2}$$

式中,T 为电动机轴上的电磁力矩;T_L 为电动机轴上的负载力矩;J 为电动机轴上的转动惯量(包括负载折算过来的转动惯量)。

上式说明电动机轴上产生的电磁力矩与电动机轴上的转动惯性力矩相平衡。当激磁磁通不变时,电磁力矩与电枢电流成正比,即

$$T=K_M i \tag{5-3}$$

式中,K_M 为电动机的转矩常数。

将式(5-1)、式(5-2)、式(5-3)三式联立,消去中间变量 i 及 T,即可得到直流电动机的微分方程式

$$\frac{JL}{K_e K_M}\frac{\mathrm{d}^2\omega}{\mathrm{d}t^2}+\frac{JR}{K_e K_M}\frac{\mathrm{d}\omega}{\mathrm{d}t}+\omega=\frac{u_i}{K_e} \tag{5-4}$$

若令 $T_M = \dfrac{JR}{K_e K_M}$，$T_a = \dfrac{L}{R}$，则式(5-4)可简化为

$$T_M \frac{d^2\omega}{dt^2} + T_M \frac{d\omega}{dt} + \omega = \frac{u_i}{K_e} \qquad (5\text{-}5)$$

式中，T_a 为电枢回路的电磁时间常数；T_M 为机电时间常数。

式(5-5)描述了直流电动机输入量为控制电压 u_i、输出量为电动机轴角速度 ω 时的动态特性。微分方程(5-5)是在激磁磁通不变，忽略负载力矩扰动等因素的情况下建立的数学模型。

在随动系统中，常以电动机轴的转角 θ 作为输出量。如果列出以 θ 为输出量的微分方程，可得一个三阶微分方程。可以看到，虽然同是一个直流电动机，但在不同应用场合所取的输出量不同，其数学模型将具有不同的形式。

5.2.3　液压系统

在机械控制系统中，液压控制机构广为应用。下面介绍阀控液压缸的微分方程式。图 5-6 所示为阀控液压缸的工作原理图，滑阀阀芯位移 x_i 为输入量，液压缸活塞位移 x_0 为输出量。

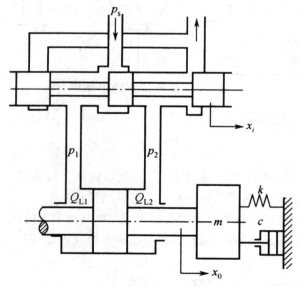

图 5-6　阀控液压缸

在建立微分方程时可根据阀控液压缸的工作情况，将阀控液压缸分为两个环节。滑阀作为一个环节，阀芯位移 x_i 为输入量，负载流量 Q_L 为输出量。

液压工作缸为一个环节，输入量为负载流量 Q_l，输出量为活塞位移 x_0。对整个系统来说，则输入量为滑阀位移 x_i，输出量为工作活塞位移 x_0。

滑阀的输出流量 Q_L 不仅与阀芯输入量位移 x_i 有关，而且和负载压差 $p_L = p_1 - p_2$，有关，它们之间的关系是一个非线性关系，函数表达式为

$$Q_L = f(x_i, p_L)$$

经过简化可以建立它们之间的线性关系式

$$Q_L = K_q x_i - K_c p_L \tag{5-6}$$

式中，K_q 为滑阀流量增益；K_c 为滑阀流量压力系数。

当考虑到泄漏及油压的压缩性时，液压缸的连续流动方程为

$$Q_L = A\frac{dx_0}{dt} + C_{tc}p_L + \frac{V_t}{4\beta_e}\frac{dp_L}{dt} \tag{5-7}$$

式中，A 为液压缸工作面积；x_0 为液压缸活塞位移；C_{tc} 为液压缸总泄漏系数；V_t 为从滑阀出口到液压缸活塞两腔的总容积；β_e 为油液有效体积弹性模数。

液压缸活塞及负载的力平衡方程式为

$$p_L = \frac{1}{A}\left(m\frac{d^2 x_0}{dt^2} + c\frac{dx_0}{dt} + kx_0\right) + \frac{f}{A} \tag{5-8}$$

式中，m 为负载质量；c 为负载阻尼系数；k 为负载弹性刚度；f 为外负载力。

将式(5-6)、式(5-7)、式(5-8)三式联立，消去中间变量 Q_L，则可得到阀控液压缸输入量 x_i 与输出量 x_0 之间的微分关系式

$$\frac{mV_t}{4\beta_e}\frac{d^3 x_0}{dt^3} + \left[m(C_{tc}+K_c) + \frac{V_t c}{4\beta_e}\right]\frac{d^2 x_0}{dt^2} + \left[A^2 + \frac{V_t k}{4\beta_e} + (C_{tc}+K_c)c\right]\frac{dx_0}{dt}$$

$$+ k(C_{tc}+K_c)x_0 = AK_q x_i - \left[(C_{tc}+K_c)f + \frac{V_t}{4\beta_e}\frac{df}{dt}\right] \tag{5-9}$$

式(5-9)为在输入控制信号 x_i 与扰动力 f 同时作用时的数学关系式，上式是在全面考虑了负载质量、阻尼、刚度及液压缸的弹性、泄漏时导出的阀控液压缸方程式。但在实际应用时，可以忽略一些次要因素，对上式进行工程简化。如果不考虑外力 f 的作用，而只考虑负载质量 m、油液弹性 β_e，忽略负载阻尼 k、负载弹性刚度 k 和液压缸的泄漏 C_{tc}，则可得到工程中经常应用的阀控液压缸动力方程

$$\frac{mV_t}{4\beta_e A^2}\frac{d^3 x_0}{dt^3} + \frac{mK_e}{A^2}\frac{d^2 x_0}{dt^2} + \frac{dx_0}{dt} = \frac{K_q}{A}x_i \tag{5-10}$$

式(5-10)是一个三阶常系数线性微分方程。

5.3 典型数字控制器的设计

任何一个系统，一旦建立起数学模型，就可以对其性能进行全面分析和

计算。任何一个高阶系统都可以视为若干一阶系统和二阶系统的串联。若系统不能全面地满足所要求的性能指标,则可考虑对原已选定的系统增加些必要的元件或环节以改善系统性能,使系统能够全面地满足所要求的性能指标,即对系统进行综合或校正,如串联校正与并联校正。完成以上分析之后便可以进行控制器设计。控制器是控制系统中实现控制功能的核心,它根据系统的控制要求,按照一定规律或规则对系统实施控制。

因此,计算机控制系统设计通常是指在反馈控制系统结构和对象特性确定的情况下,按照给定的系统性能指标,设计出数字控制器的控制规律和相应的数字控制算法,使控制系统满足性能指标的要求。

由于计算机具有强大的计算功能、逻辑判断功能及存储信息量大等特点,因此计算机可以实现模拟控制难以实现的许多复杂的先进控制策略。计算机控制系统的设计方法也是多种多样的。按照各种设计方法所采用的理论和系统模型的形式,可以大致分为:模拟化设计法(也称连续域—离散化设计法)、离散域直接设计法(也称 z 域设计方法或直接设计法)、复杂控制规律设计法、状态空间设计法。

5.3.1 数字控制器的模拟化设计

数字控制器的模拟化设计方法,是指在一定条件下把计算机控制系统近似地视为模拟系统,忽略控制回路中所有的采样开关和保持器,在 s 域中按连续系统进行初步设计,求出模拟控制器,然后通过某种近似,将模拟控制器离散化为数字控制器,并由计算机实现。由于工程技术人员对连续域设计有丰富经验,因此数字控制器的模拟化设计方法得到了广泛应用。

1. 数字控制器的模拟化设计步骤

如图 5-7 所示的计算机控制系统中,$G(s)$ 是被控制对象的传递函数,$H_0(s)$ 是零阶保持器,$D(z)$ 是数字控制器。现在的设计问题是:根据已知的系统性能指标和 $G(s)$ 来设计数字控制器 $D(z)$。

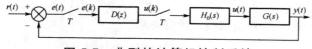

图 5-7 典型的计算机控制系统

(1)设计假想的连续控制器

设计控制器 $D(s)$,一种方法是事先确定控制器的结构,如后面将要重点介绍的 PID 算法等，然后通过控制器参数的整定完成设计；另一种设计方法是用连续控制系统设计方法设计，如用频率特性法、根轨迹法等设计 $D(s)$ 的结构和参数。

（2）选择采样周期

无论采用哪种设计方法，设计时都需要知道广义被控对象，如图 5-7 所示，广义被控对象包含零阶保持器，其传递函数为 $G(s)H_0(s)$。香农采样定理给出了从采样信号恢复连续信号的最低采样频率。在计算机控制系统中，零阶保持器完成信号恢复功能。零阶保持器的传递函数为

$$H_0(s) = \frac{1 - e^{-sT}}{s}$$

其频率特性为

$$H_0(j\omega) = \frac{1 - e^{-sT}}{j\omega} = T \frac{\sin \frac{\omega T}{2}}{\frac{\omega T}{2}} \angle -\frac{\omega T}{2} \tag{5-11}$$

从式（5-11）可以看出。零阶保持器将对控制信号产生附加相移（滞后）。对于小的采样周期，可把零阶保持器近似为

$$H_0(s) = \frac{1 - e^{-sT}}{s} \approx \frac{1 - 1 + sT - \frac{(sT)^2}{2} + \cdots}{s} = T\left(1 - s\frac{T}{2} + \cdots\right) \approx Te^{-s\frac{T}{2}} \tag{5-12}$$

式（5-12）表明，零阶保持器可用半个采样周期的时间滞后环节来近似。假定相位裕量可减少 $5° \sim 15°$，则采样周期应选为

$$T \approx (0.15 \sim 0.5)\frac{1}{\omega_c} \tag{5-13}$$

式中，以为连续控制系统的剪切频率。按式（5-13）的经验法选择的采样周期相当短。因此，采用连续化设计方法，用数字控制器去近似模拟控制器，要有相当短的采样周期。

（3）将 $D(s)$ 离散化为 $D(z)$

将 $D(s)$ 离散化为 $D(z)$ 的方法有很多，如双线性变换法、差分法、冲击响应不变法、零阶保持法和零极点匹配法等。

（4）设计由计算机实现的控制方法

将 $D(z)$ 表示成差分方程的形式，编制程序，由计算机实现数字调节规律。

（5）校验

设计好的数字控制器能否达到系统设计指标，必须进行检验。可以采用数学分析方法，在 z 域内分析、检验系统性能指标；也可采用仿真技术，即

利用计算机来检验系统的指标是否满足设计要求。如不满足,就要重新设计。

2. 数字 PID 控制器

按反馈控制系统的偏差比例(Proportional)、积分(Integral)和微分(Differential)规律进行控制的调节器,简称为 PID 调节器。它是连续系统中技术最成熟、使用最广泛的一种调节器,这是由于该调节器具有结构简单、参数整定方便、易于工业实现、适用面广等优点。随着计算机技术迅猛发展,由计算机实现的数字 PID 控制器正在逐步取代模拟 PID 控制器。下面从最基本的模拟 PID 控制原理出发,讨论数字 PID 控制计算机实现方法。

在模拟系统中,PID 算法的表达式为

$$P(t) = K_p \left[e(t) + \frac{1}{T_I} \int e(t) \ \mathrm{d}t + T_D \frac{\mathrm{d}e(t)}{\mathrm{d}t} \right] \quad (5\text{-}14)$$

式中,$P(t)$ 为调节器输出信号;$e(t)$ 为调节器的偏差信号,它等于测量值与给定值之差;K_p 为调节器的比例系数;T_I 为调节器的积分时间;T_D 为调节器的微分时间。

由于计算机控制是一种采样控制,它只能根据采样时刻的偏差值来计算控制量。因此,在计算机控制系统中,必须首先对式(5-14)进行离散化处理,用数字形式的差分方程代替连续系统的微分方程。

(1)数字 PID 位置型控制算法

为了用数字形式的差分方程代替连续系统的微分方程,便于计算机实现,为此将积分式和微分项近似用求和及增量式表示,则可得到离散的 PID 表达式,即

$$P(k) = K_p \left\{ e(k) + \frac{T}{T_I} \sum_{j=0}^{k} e(j) + \frac{T_D}{T} \left[e(k) - e(k-1) \right] \right\} \quad (5\text{-}15)$$

由于式(5-15)的输出值与阀门开度的位置一一对应,因此,通常把式(5-15)称为位置型 PID 算式。

由式(5-15)可以看出,要先计算 $P(k)$,不仅需要本次与上次的偏差信号 $e(k)$ 和 $e(k-1)$,而且还要在积分项中把历次的偏差信号 $e(j)$ 进行相加,即 $\sum_{j=0}^{k} e(j)$。这样,不仅计算烦琐,而且为保存 $e(j)$ 还要占用很多内存。因此,用式(5-15)直接进行控制很不方便。为此,做如下改动。

根据递推原理,可写出 $k-1$ 次的 PID 输出表达式,即

$$P(k-1) = K_p \left\{ e(k-1) + \frac{T}{T_I} \sum_{j=0}^{k} e(j) + \frac{T_D}{T} [e(k-1) - e(k-2)] \right\}$$

$$(5-16)$$

用式(5-15)减去式(5-16)可得

$$P(k) = P(k-1) + K_p[e(k) - e(k-1)] + K_I e(k)$$
$$+ K_D[e(k) - 2e(k-1) + e(k-2)] \qquad (5-17)$$

式中,$K_I = K_p \dfrac{T}{T_I}$ 为积分系数;$K_D = K_p \dfrac{T_D}{T}$ 为微分系数。

由式(5-17)可知,要计算第 k 次输出值 $P(k)$,只需知道 $P(k-1)$、$e(k)$、$e(k-1)$、$e(k-2)$ 即可,比用式(5-16)计算要简单得多。

(2)数字 PID 增量型控制算法

在很多控制系统中,由于执行机构是采用步进电机或多圈电位器进行控制的,所以,只要给一个增量信号即可。因此,由式(5-15)和式(5-16)相减得到

$$\Delta P(k) = P(k-1) + K_p[e(k) - e(k-1)] + K_I e(k)$$
$$+ K_D[e(k) - 2e(k-1) + e(k-2)] \qquad (5-18)$$

式(5-18)表示第 k 次输出增量 $\Delta P(k)$,等于第 k 次与第 $k-1$ 次调节器输出差值,即在第 $k-1$ 次的基础上增加(或减少)的量,所以式(5-18)称为增量型 PID 控制算式。

5.3.2　数字控制器的离散化设计

离散化设计法是在 z 平面上设计的方法,对象可以用离散模型表示。或者用离散化模型的连续对象,以采样理论为基础,以 z 变换为工具,在 z 域中直接设计出数字控制器 $D(z)$。这种设计法也称直接设计法或 z 域设计法。

由于直接设计法无须离散化,也就避免了离散化误差。又因为它是在采样频率给定的前提下设计的,可以保证系统性能在此采样频率下达到品质要求,所以采样频率不必选得太高。因此,离散化设计法比模拟设计法更具有一般意义。

1. 数字控制器的离散化设计步骤

在图 5-8 中,$D(z)$ 为数字控制器,$G_c(z)$ 为系统的闭环脉冲传递函数,$HG(z)$ 为广义对象的脉冲传递函数,$H_0(s)$ 为零阶保持器传递函数,$G(s)$ 为被控对象传递函数,$Y(z)$ 为系统输出信号的 z 变换,$R(z)$ 为系统输入信

号的 z 变换。

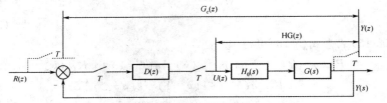

图 5-8　数字控制系统原理框图

广义对象的脉冲传递函数为

$$HG(z) = L[H_0(s)G(s)] = L\left[\frac{1-e^{-Ts}}{s}G(s)\right] \tag{5-19}$$

可得到对应图 5-8 的闭环脉冲传递函数

$$G_c(z) = \frac{Y(z)}{R(z)} = \frac{D(z)HG(z)}{1+D(z)HG(z)} \tag{5-20}$$

误差脉冲传递函数

$$G_e(z) = \frac{E(z)}{R(z)} = 1 - G_c(z) \tag{5-21}$$

$$D(z) = \frac{U(z)}{E(z)} = \frac{G_c(z)}{HG(z)[1-G_c(z)]} = \frac{G_c(z)}{HG(z)G_e(z)} \tag{5-22}$$

当 $G(s)$ 已知,并根据控制系统性能指标要求构造出 $G_c(z)$,则可由式 (5-20)和式(5-22)求得 $D(z)$。由此可得出数字控制器的离散化设计步骤 如下:

①由 $H_0(s)$ 和 $G(s)$ 求取广义对象的脉冲传递函数 $HG(z)$。

②根据控制系统的性能指标及实现的约束条件构造闭环脉冲传递函数 $G_c(z)$。

③根据式(5-23)确定数字控制器的脉冲传递函数 $D(z)$。

④由 $D(z)$ 确定控制算法并编制程序。

2.最少拍控制器设计

在数字随动系统中,通常要求系统输出能够尽快、准确地跟踪给定值变 化,最少拍控制就是适应这种要求的一种直接离散化设计法。

在数字控制系统中,通常把一个采样周期称为一拍。所谓最少拍控制, 就是要求设计的数字调节器能使闭环系统在典型输入作用下,经过最少拍 数达到输出无静差。显然,这种系统对闭环脉冲传递函数的性能要求是快 速性和准确性。实质上最少拍控制是时间最优控制,系统的性能指标是调 节时间最短(或尽可能地短)。

（1）最少拍控制系统 $D(z)$ 的设计

设计最少拍控制系统的数字控制器 $D(z)$，最重要的就是要研究如何根据陛能指标要求，构造一个理想的闭环脉冲传递函数。

由误差表达式

$$E(z) = G_e(z)R(z) = e_0 + e_1 z^{-1} + e_2 z^{-2} + \cdots \qquad (5\text{-}23)$$

可知，要实现无静差、最小拍，$E(z)$ 应在最短时间内趋于零，即 $E(z)$ 应为有限项式。因此，在输入 $R(z)$ 一定的情况下，必须对 $G_e(z)$ 提出要求。

典型输入的 z 变换具有如下形式。

①单位阶跃输入。

$$R(t) = u(t), R(z) = \frac{1}{1 - z^{-1}}$$

②单位速度输入。

$$R(t) = t, R(z) = \frac{Tz^{-1}}{(1 - z^{-1})^2}$$

③单位加速度输入。

$$R(t) = \frac{1}{2}t^2, R(z) = \frac{Tz^{-1}(1 + z^{-1})}{2(1 - z^{-1})^3}$$

由此可得出调节器输入共同的 z 变换形式

$$R(z) = \frac{A(z)}{(1 - z^{-1})^m} \qquad (5\text{-}24)$$

其中 $A(z)$ 是不含有 $(1 - z^{-1})$ 因子的 z^{-1} 的多项式，根据 z 变换的终值定理，系统的稳态误差为

$$\lim_{t \to \infty} e(t) = \lim_{z \to 1}(1 - z^{-1})E(z) = \lim_{z \to 1}(1 - z^{-1})G_e(z)R(z)$$

$$= \lim_{z \to 1}(1 - z^{-1})G_e(z)\frac{A(z)}{(1 - z^{-1})^m}$$

很明显，要使稳态误差为零，$G_e(z)$ 中必须含有 $(1 - z^{-1})$ 因子，且其幂次不能低于 m，即

$$G_e(z) = (1 - z^{-1})^M F(z) \qquad (5\text{-}25)$$

式中，$M \geqslant m$，$F(z)$ 是关于 z^{-1} 的有限多项式。为了实现最少拍，要求 $G_e(z)$ 中关于 z^{-1} 的幂次尽可能低。令 $M = m$，$F(z) = 1$，则所得 $G_e(z)$ 既可满足准确性，又满足快速性要求，这样就有

$$G_e(z) = (1 - z^{-1})^m \qquad (5\text{-}26)$$

$$G_e(z) = 1 - (1 - z^{-1})^m \qquad (5\text{-}27)$$

（2）典型输入下的最小拍控制系统分析

①单位阶跃输入。

$$G_e(z) = (1 - z^{-1}), G_c(z) = 1 - (1 - z^{-1}) = z^{-1}$$

$$E(z) = R(z)G_e(z) = \frac{1}{1-z^{-1}}(1-z^{-1}) = 1 = 1 \cdot z^0 + 0 \cdot z^{-1} + 0 \cdot z^{-2} + \cdots$$

$$Y(z) = R(z)G_c(z) = \frac{1}{1-z^{-1}}z^{-1} = z^{-1} + z^{-2} + z^{-3} + \cdots$$

$e(0) = 1, e(T) = e(2T) = \cdots = 0$，这说明开始一个采样点上有偏差，一个采样周期后，系统在采样点上不再有偏差，这时过渡过程为一拍。

②单位速度输入。

$$G_e(z) = (1-z^{-1})^2, G_c(z) = 1 - (1-z^{-1})^2 = 2z^{-1} - z^{-2}$$

$$E(z) = R(z)G_e(z) = \frac{Tz^{-1}}{1-z^{-1}}(1-2z^{-1}+z^{-2}) = Tz^{-1}$$

$$Y(z) = R(z)G_c(z) = 2Tz^{-1} + 3Tz^{-2} + 4z^{-3} + \cdots$$

$e(0) = 1, e(T) = T, e(2T) = e(3T) = \cdots = 0$，这说明经过两拍后，偏差采样值达到并保持为零，过渡过程为两拍。

5.4 计算机控制技术

5.4.1 计算机控制系统设计

1.计算机控制系统的设计要求

（1）系统操作性能要好

操作性能好，对控制系统来说是很重要的，硬件设计和软件设计时都要考虑这个问题。应用程序是由用户自己编制或修改的，如果应用程序采用机器语言直接编写，显然是十分麻烦的，应尽可能采用汇编语言，配上高级语言，以使用户便于掌握。在硬件配置方面，应该考虑使系统的控制开关不能太多、太复杂，而且操作顺序要简单。

（2）通用性好、便于扩充

系统设计时应考虑能适应各种不同设备和各种不同控制对象，使系统不必大改动就能很快适应新的情况。这就要求系统的通用性要好，能灵活地进行扩充。要使控制系统达到这样的要求，设计时必须使系统设计标准化，并尽可能采用通用的系统总线结构，以便在需要扩充时，只要增加插件板就能实现。接口部件最好采用通用的接口芯片。在速度允许的情况下，尽可能把接口硬件部分的操作功能用软件来实现。

系统设计时各设计指标留有一定的余量，这也是扩充的一个条件：如CPU 的工作速度、电源功率、内存容量、输入输出通道等指标，均应留有一定余量。

（3）可靠性要高

可靠性高是控制系统设计最重要的一个基本要求。特别是对 CPU 的可靠性要求更应严格。可靠性具体的衡量指标是"平均故障间隔时间"（MBTF），一般要求达到数千小时甚至上万小时以上。一般来讲，提高可靠性可以采用冗余技术。

（4）经济性

在满足任务要求的前提下，使系统的设计、制作、运行、维护成本尽可能低廉。

（5）可维护性

进行系统维护时的方便程度，包括检测和维护两个部分。为提高可维护性，控制系统的软件应具有自检测、自诊断功能，硬件结构及安装位置则应方便检测、维修和更换。故障一旦发生，应易于排除，这是系统设计时必须考虑的。从软件角度讲，最好配置查错程序或诊断程序，以便在故障发生时用程序来查找故障发生的部位，从而缩短排除故障的时间。

2. 计算机控制系统的设计步骤

微型计算机控制系统的设计一般可按下列步骤进行：确定系统整体方案；建立数学模型，确定控制算法；选择微处理器和外围接口；系统总体设计；硬件设计；软件设计；整个系统调试。下面分别加以叙述。

（1）确定系统整体方案

设计之前首先应该详细了解控制对象和控制要求，提出系统整体方案。主要包括：系统构成形式是采用开环控制还是闭环控制；执行机构是采用电动机驱动还是液压驱动或其他方式的驱动；微机在整个控制系统中的作用是计算、直接控制还是数据处理。通过考虑这些整体方案画出系统组成框图，以此作为进一步设计的依据。

（2）建立数学模型，确定控制算法

对任何一个具体的控制系统的设计，首先应建立该系统的数学模型。数学模型是系统动态特性的数学表达式，它反映了系统输入、内部状态和输出之间的关系，它为计算机进行计算处理提供了依据，由它推出控制算法。控制算法正确与否直接影响控制系统的品质，因此正确地确定控制算法是系统设计中的重要工作之一。

随着控制理论和计算机控制技术的不断发展，控制算法越来越多。常用的有：机床控制中使用的逐点比较法和数字积分法等控制算法；直接数字控制系统中的 PID 调节的控制算法；位置数字随动系统中的实现最少拍控制等控制算法；最优控制、随机控制和自适应控制的控制算法。在系统设计时，根据设计的控制对象和不同的控制性能指标要求以及所选用的微机的处理能力来选定一种控制算法。

（3）硬件和软件设计

硬件和软件的设计过程往往需要并行进行，以便随时协调二者的设计内容和工作进度。特别应注意计算机控制系统中软件与硬件所承担功能的实施方案划分有很大的灵活性，往往对于同一项任务，利用软件和硬件都可以完成，经常到了具体设计时利弊才会明显发现，因此，在这一设计阶段需要反复考虑、认真平衡软硬件比例，及时择优调整设计方案。

（4）选择微处理器和外围接口

控制用的计算机及其外围接口的选择，一般要考虑下述几点：

①字长。计算机的字长与系统的控制精度有关。字长越大，系统的控制精度越高，但价格也较高。在工业控制中，8～16位的计算机就能满足一般的控制要求。

②速度。运算速度的选择直接影响控制系统的响应速度。若系统要求响应快，就应该配置速度高的计算机；若系统本身的响应速度较慢，就不必追求太高速度的计算机。

③内存容量。这与控制算法的复杂程度有关，若控制算法复杂，计算量大，所需处理的数据多，则需要选用内存较大的计算机；反之亦然。

④中断能力。计算机控制系统不仅需要解决主机与外部设备、控制对象的并行交换信息，而且还要解决多道程序、故障处理、多机连接等问题。因此，系统应该选择中断处理能力较强的计算机。

⑤外围接口。主要考虑 A/D 和 D/A 转换器的精度问题。A/D 和 D/A 转换器的位数越高，转换的精度也就越高，但价格也高。一般根据计算机的外围电路的配套、器件来源、软件的支持情况来综合考虑。

（5）系统总体设计

在确定了控制算法和选定了计算机及相应的外围接口后，就可以确定系统总体方案，一般应做如下工作：

①估计内存存储容量，进行内存分配。内存储器容量主要根据控制程序量和数据量以及堆栈大小来估计，并考虑到外存储器和内存容量能方便扩充。不同功能的程序最好分配在不同的内存区域，同时要注意便于扩展和有利于工作速度的提高。

②过程通道和中断处理方式的确定。输入输出通道是计算机与被控对象相互交换信息的部件。一个系统中一般含有数字量（或称为开关量）的输入输出通道和模拟量的输入输出通道。数字量的输入输出比较简单，主要需要解决电平转换、去抖动及抗干扰等问题；数字量输出要解决功率驱动问题。模拟量的输入输出比较复杂，模拟量输入通道主要由信号调整器、变送

器、采样单元、采样保持器和放大器、A/D 转换器等组成。模拟量输出通道主要由 D/A 转换、放大器等组成。确定过程输入输出通道是总体设计中的重要内容之一。通常应根据控制对象所要求的输入输出参数的个数来确定系统的输入输出通道。在选择通道数时，应着重考虑：数据采集和传输所需的输入输出通道数；是否所有的输入输出通道都使用同样的数据传输率；输入输出通道是串行操作还是并行操作；输入输出通道是随机选择，还是按某种预定的顺序工作；模拟量输入输出通道中字长选择多少位等。中断方式和优先级应根据被控制对象的要求和微处理器为其服务的频繁程度来确定。一般用硬件处理中断响应速度较快，但要配备中断控制部件；用程序处理中断响应的速度要慢一些，但比较灵活，改变容易。

③系统总线的选择。系统总线的选择对通用性很有意义，应尽可能采用标准总线，同时应着重考虑总线的性能及负载能力。

(6) 系统联调

在软件和硬件分别调试通过后，就要对系统进行联调。它分为在实验室模拟装置上调试和工业生产现场进行试验两个过程，在试验中不断完善，最后调试出一个性能良好的控制系统。

5.4.2 机电一体化系统控制微机的选择

机电一体化技术是与元器件技术紧密结合发展起来的综合技术，特别是计算机技术的每一次最新进展，都在机电一体化产品上烙上了当时计算机发展水平的时代烙印。初期的微机控制功能大多由单板机实现，后来随着 PC 功能的增强，价格下降，出现了由 PC 扩展而成的微机控制系统，为了改进普通 PC 在工业环境下的适应性，出现了工业 PC，同时发展起了可靠性较高的 STD 总线系统。为了替代传统的继电逻辑器件，发展起来了工业可编程控制器(PLC)。随着半导体器件集成度的提高，集成有 CPU 和基本外围接口电路的单片机也发展起来了，成为当前在机电一体化产品中应用最广的微机芯片。显然，在进行微机控制系统的总体设计时，面对众多的微机机型，应根据被控对象和控制任务要求的特点进行合理的选择。下面介绍常用微机控制系统的类型以及基本应用特点。

1. 单片机控制系统

单片机具有较高的集成度，例如一片 Intel 8031 单片机芯片可实现 Z80 CPU、CTC、PIO 所包含的电路功能。而且，单片机运行速度高、功耗低、体积小，使用方便灵活，常用于数显、智能化仪表、简易数控机床以及其他小型控制装置中。由于可以在 PC 和仿真开发系统上进行开发，单片机的编程与调试都比较方便。单片机较单板机具有更高的性能价格比。但由于受到经济条件的限制,这类控制系统的硬件制作质量和抗干扰措施难以达到较高的标准,环境的适应性较差,在工业现场使用时需特别注意预先采取防护措施。单片机的发展经过了4位机、8位机、16位机的阶段,现在已经出现了32位单片机,但8位单片机仍在构成微机控制系统的应用中占据重要地位,特别是随着嵌入式控制系统的兴起,使得世界各大半导体生产厂商重新把注意力转向8位单片机。亚微米CMOS加工技术使得8位单片机在降低功耗的同时具有更高的速度,集成有先进的模拟接口和数字信号处理器,电源功能也更加灵巧,许多与早期结构的单片机软件兼容,但性能提高了几倍的新型微控制器已相继问世。

2.普通PC组成的控制系统

由PC组成的控制系统基本上是利用了PC原有的系统资源,但由于PC本来是主要设计用做办公自动化用途的,所以对其操作环境有一定的限制,当用做在工业现场使用的微机控制系统时,对于强电磁干扰、电源干扰、振动冲击、工业油雾气氛等必须采取防范措施。因此,PC宜用于组成数据采集处理系统、多点模拟量控制系统或其他工作环境较好的微机控制系统,或者把PC选做分散控制系统中的上位机,远离恶劣环境对下位机进行监控。

3.工业PC控制机

为了克服普通PC环境适应性、抗干扰性差的弱点,发展起了结构经过加固、元器件经过严格筛选、接插件结合部经过强化设计、有良好抗干扰性、工作可靠性高并且保留了PC的总线及接口标准以及其他优点的一类微型计算机,称为工业PC控制机。通常各种工业PC控制机都备有种类齐全的PC总线接口模板,包括:数字量I/O板,模拟量A/D、D/A板,模拟量输入多路转换板,定时器、计数器板,专用控制板,通信板以及存储器板等,为设计制作微机控制系统提供了极大的方便。

采用工业PC控制机组成控制系统,一般不需要自行开发硬件,软件通常都与选用的接口模板相配套,接口程序可根据随接口板提供的示范程序非常方便地编制完成。由于工业PC控制机选用的微处理器及元器件的档次较高,结构经过强化处理,由其组成的控制系统的性能远远高于单板机、单片机以及普通PC所组成的控制系统,但系统的成本也比较高,宜用于需进行大量数据处理、可靠性要求高的大型工业测控系统。

4.STD总线控制系统

STD总线是工业控制领域的一种标准总线,组成系统时主体为积木式结构,各种功能模板采用统一的标准尺寸,具有机械强度高、抗振能力强、互换性好等特点,使用灵活方便,系统的可靠性高,宜在恶劣的工业环境中工作。系统的设计工作主要是对模板功能的选择与组合。STD 总线标准的模板品种很多,除常用的数字量 I/O 模板、模拟量 I/O 模板外,还有为外围设备服务的各种模板,以便实现 CRT 显示、键盘扫描输入、打印操作以及串行通信等系统功能,还有一些特殊模板用以实现高速计数输入、高速脉冲输出、温度测量、步进电机控制等应用功能。STD 总线控制系统的软件开发,可利用 RS-232 串行口及开发软件在 PC 上进行编程和调试。

5. 可编程控制器

可编程控制器(简称 PLC)是在继电器逻辑控制系统基础上,利用微处理器技术发展起来的既有逻辑控制、计时、计数、分支程序、子程序等顺序控制功能,又能完成数字运算、数据处理、模拟量调节、操作显示、联网通信等功能的新型工业控制器。可编程控制器体积小、抗干扰能力强、运行可靠,可以直接装入强电动力箱内使用,并且功能齐全、运算能力强、编程简单直观,目前在工业控制过程中正逐步取代传统的继电器逻辑控制系统、模拟控制系统以及用小型机实现的直接数字控制系统。

可编程控制器使用 8 位或 16 位微处理器,不同的控制功能通过编制软件实现。可编程控制器编程语言不同于一般的计算机高级语言或汇编语言,逻辑运算部分通常采用梯形图的形式,具有很强的象征性。较为复杂的控制功能也能以图形方式表达,例如设计实现闭环控制的 PID 调节器,可采用方框图注上不同的符号,并留有输入和输出参数口。程序为模块式结构,编程过程多以人机对话的方式进行,编程人员只需在支持软件提示下,选用各种符号图形来完成控制程序的编制。可编程控制器一般都提供了相当完备的调试手段,如条件限定、结果设置、原因查找等,调试过程既可以脱机进行,也可以在线进行。

5.5　控制量输出接口设计

5.5.1　数字量/开关量输出接口

1. 输出接口电路结构

数字量输出通道主要由输出锁存器、输出驱动器及输出地址译码器等组成,如图 5-9 所示。

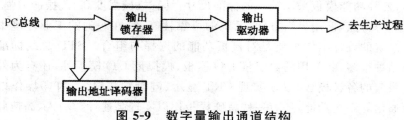

图 5-9　数字量输出通道结构

2.输出功率电路

(1)小功率直流驱动电路

①采用功率晶体管输出驱动。电路如图 5-10(a)所示。K 为继电器的线圈。因负载呈感性,所以须加克服反电动势的续流二极管 VD$_1$。

②采用高压输出的门电路驱动。电路如图 5-10(b)所示。74LS06 为带高压输出的集电极开路六反相器,74LS07 为带高压输出的集电极开路六同相器,最高电压为 30 V,灌电流可达 40 mA,常用于高压驱动场合。但要注意,74LS06 和 74LS07 都为集电极开路器件,应用时输出端要连接上拉电阻,否则无法输出高电平。图 5-10(b)利用继电器的线圈电阻做上拉电阻。

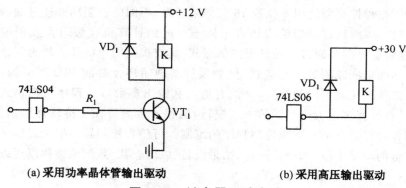

(a)采用功率晶体管输出驱动　　　　**(b)采用高压输出驱动**

图 5-10　继电器驱动电路

(2)大功率驱动电路

大功率驱动场合可以利用固态继电器(SSR)、IGBT、MOSFET 实现。固态继电器是一种四端有源器件,根据输出的控制信号分为直流固态继电器和交流固态继电器。如图 5-11 所示为固态继电器的结构与使用方法。固态继电器的输入输出之间采用光电耦合器进行隔离。过零电路可使交流电压变化到零附近时让电路接通,从而减少干扰。电路接通以后,由触发电路输出晶体管器件的触发信号。固态继电器在选用时要注意输入电压范围、输出电压类型及输出功率。

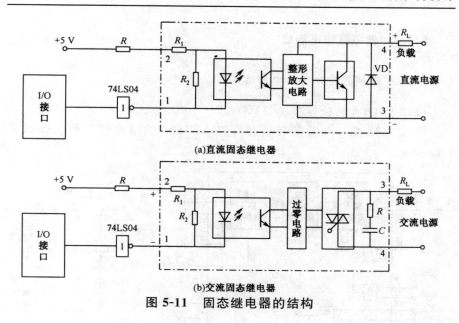

(a)直流固态继电器

(b)交流固态继电器

图 5-11 固态继电器的结构

3.输出缓冲器

对生产过程进行控制时,一般控制状态需要保持,直到下次给出新值为止,这时输出就要锁存。可用锁存器 74LS273 作为 8 输出口,对输出信号状态进行锁存,如图 5-12 所示。74LS273 有 8 个通道,可输出 8 个开关状态,并可驱动 8 个输出装置。

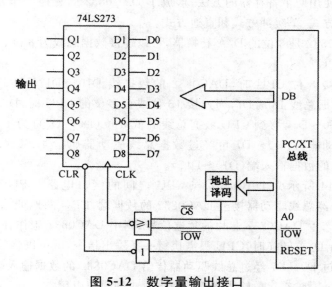

图 5-12 数字量输出接口

5.5.2 模拟量输出接口

1.D/A 转换器芯片及接口电路

(1)8 位 D/A 转换器芯片 DAC0832

DAC0832 是 8 位数膜转换芯片,DAC0832 的结构框图和引脚如图 5-13 所示。

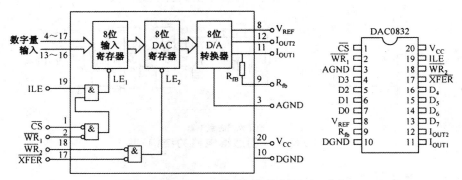

图 5-13 DAC0832 的结构框图和引脚

DAC0832 具有双缓冲功能,即输入数据可分别经过两个寄存器保存。第一个寄存器称为 8 位输入寄存器,数据输入端可直接连接到数据总线上,第二个寄存器为 8 位 DAC 寄存器。

针对使用两个寄存器的方法,形成了 DAC0832 的三种工作方式,分别为双缓冲方式、单缓冲方式和直通方式。

DAC0832 是 8 位的 D/A 转换器,可以连接数据总线为 8 位、16 位或更多位的 CPU。

当连接 8 位 CPU 时,DAC0832 的数据线 D10～D17 可以直接接到 CPU 的数据总线 D0～D7,当连接 16 位或更多位的 CPU 时,DAC0832 的数据线 D10～D17 接到 CPU 数据总线的低 8 位(D0～D7),为了提高数据总线的驱动能力,D0～D7 可经过数据总线驱动器(如 74LS244),再接到 DAC0832 的数据输入端(D10～D17)。

图 5-14 所示为 DAC0832 与 CPU 之间的接口电路,CPU 数据总线 (D0～D7)经总线驱动器接至 DAC0832 的数据端,CPU 的地址总线经地址译码电路产生 DAC0832 芯片的片选信号;图中 DAC0832 工作在单缓冲方式,当进行 D/A 转换时,CPU 只需执行一条输出指令,就可以将被转换的 8 位数据通过 D0～D7 经过总线驱动器传给 DAC0832 的数据输入端,并立即启动 D/A 转换,在运放输出端 V_{out} 输出对应的模拟电压。

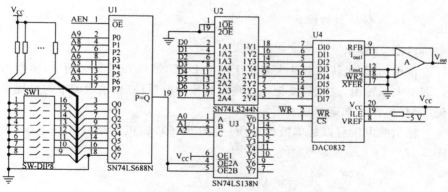

图 5-14　DAC0832 接口电路

（2）12 位 D/A 转换器 DAC1210 芯片

DAC1210 是 12 位 D/A 转换器芯片，内部原理框图如图 5-15 所示。其原理和控制信号的功能基本上同 DAC0832，有两点区别：一是它是 12 位的，有 12 条数据输入线（DI0～DI11），其中 DI0 为最低位，DI11 为最高位，它比 DAC0832 多了 4 条数据输入线；二是可以用字节控制信号 BYTE1/2 控制数据的输入，该信号为高电平时，12 位数据同时存入第一级的两个输入寄存器；当该信号为低电平时，只将低 4 位数据（DIO～D13）存入低 4 位输入寄存器。

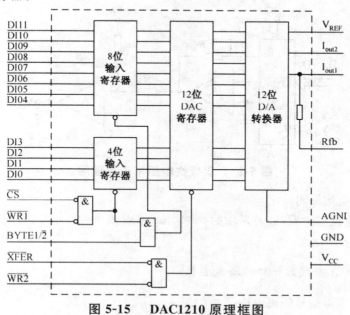

图 5-15　DAC1210 原理框图

2.D/A 转换器的输出

(1)电压输出

常用的 D/A 转换芯片大多属于电流 DAC,然而在实际应用中,多数情况需要电压输出,这就需要把电流输出转换为电压输出,采取的措施是用电流 DAC 电路外加运算放大器。

输出的电压可以是单极性电压(见图 5-16),也可以是双极性电压(见图 5-17)。

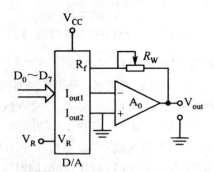

图 5-16 单极性电压输出原理图

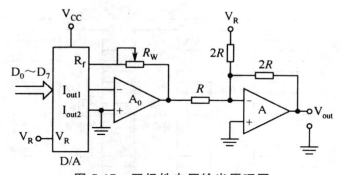

图 5-17 双极性电压输出原理图

(2)电流输出

当电流输出时,经常采用的 0~10 mA DC 或 4~20 mA DC 电流输出,如图 5-18 所示。

3.D/A 转换器接口的隔离技术

(1)模拟信号隔离方法

利用光电耦合器的线性区,可使 D/A 转换器的输出电压经光电耦合器变换成输出电流(如 0~10 mA DC 或 4~20 mA DC),这样就实现了模拟信号的隔离,如图 5-19 所示。

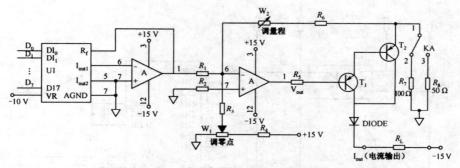

图 5-18　D/A 转换器的电流输出

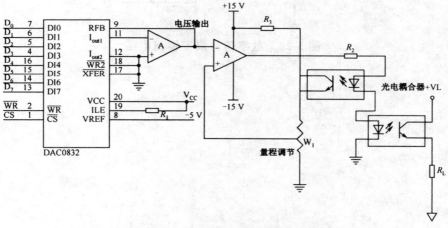

图 5-19　模拟信号隔离输出电路

模拟信号隔离方法的优点是使用少量的光电耦合器,成本低;缺点是调试困难,如果光电耦合器挑选不合适,将会影响变换的精度和线性度。

(2)数字信号隔离方法

利用光电耦合器的开关特性,可以将转换器所需的数据信号和控制信号作为光电耦合器的输入,其输出再接到 D/A 转换器上,实现数字信号的隔离,如图 5-20 所示。

数字信号隔离的优点是调试简单,不影响转换的精度和线性度;缺点是使用较多的光电耦合器,成本高。

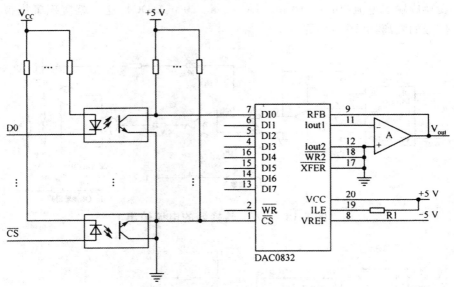

图 5-20　数字信号隔离输出电路

第6章　机电一体化系统的机电有机结合分析与设计

机电一体化系统(产品)的设计过程是机电参数相互匹配即机电有机结合的过程。机电伺服系统是典型的机电一体化系统。本章将以机电伺服系统为例,说明机电一体化系统设计的一般考虑方法。

6.1　机电有机结合设计概述

伺服系统中的位置伺服控制系统和速度伺服控制系统的共同点是通过系统执行元件直接或经过传动系统驱动被控对象,从而完成所需要的机械运动。因此,工程上是围绕机械运动的规律和运动参数对它们提出技术要求的。

在进行机电伺服系统设计时,首先要了解被控对象的特点和对系统的具体要求,通过调查研究制定出系统的设计方案。

在进行系统方案设计时,需要考虑以下几方面的问题。

1.系统闭环与否的确定

当系统负载不大,精度要求不高时,可考虑开环控制;反之,当系统精度要求较高或负载较大时,开环系统往往满足不了要求,这时要采用闭环或半闭环控制系统。一般情况下,开环系统的稳定性不会有问题,设计时仅考虑满足精度方面的要求即可,并通过合理的结构参数匹配,使系统具有尽可能好的动态响应特性。

2.执行元件的选择

选择执行元件时应综合考虑负载能力、调速范围、运行精度、可控性、可靠性以及体积、成本等多方面的要求。一般来讲,对于开环系统可考虑采用步进电机、电液脉冲马达和伺服阀控制的液压缸和液压马达等,应优先选用步进电机。对于中小型的闭环系统可考虑采用直流伺服电机、交流伺服电机,对于负载较大的闭环伺服系统可考虑选用伺服阀控制的液压马达等。

3. 传动机构方案的选择

传动机构是执行元件与执行机构之间的一个连接装置,用来进行运动和力的变换、传递。在伺服系统中,执行元件以输出旋转运动和转矩为主,而执行机构则多为直线运动。用于将旋转运动转换成直线运动的传动机构主要有齿轮齿条和丝杠螺母等。前者可获得较大的传动比和较高的传动效率,所能传递的力也较大,但高精度的齿轮齿条制造困难,且为消除传动间隙而结构复杂;后者因结构简单、制造容易而应用广泛。

4. 控制系统方案的选择

控制系统方案的选择包括微型机、电动机控制方式、驱动电路等的选择。常用的微型机有单片机、单板机、工业控制微型机等,其中单片机由于在体积、成本、可靠性和控制指令功能等许多方面的优越性,在伺服系统的控制中得到了广泛的应用。

6.2 机电一体化系统的稳态设计方法

6.2.1 负载分析

机电伺服系统的被控对象做机械运动时,该被控对象就是系统的负载,它与系统执行元件的机械传动联系有多种形式。负载的运动形式有直线运动、回转运动、间歇运动等,具体的负载往往比较复杂,为便于分析,常将它分解为几种典型负载,结合系统的运动规律再将它们组合起来,使定量设计计算得以顺利进行。

(1)典型负载

包括惯性负载、外力负载、弹性负载、摩擦负载(滑动摩擦负载、黏性摩擦负载、滚动摩擦负载)等。具体系统的负载可能是以上一种或几种典型负载的组合。

(2)负载的等效换算

为使执行元件的额定转矩(或力、功率)、加减速控制等,与被控对象的固有参数(如质量、转动惯量等)相互匹配,需要将被控对象相关部件的固有参数及其所受的负载(力或转矩等)等效换算到执行元件的输出轴上,即计算其输出轴承受的等效转动惯量和等效负载转矩(回转运动),或计算等效质量和等效力(直线运动)。

下面以图 6-1 所示的机床工作台伺服进给系统为例加以说明。系统

由一个移动部件和 n 个转动部件组成。M、v 和 F 分别为移动部件的质量、运动速度和所受的负载力；J_j、$n_j(\omega_j)$ 和 T_j 分别为转动部件的转动惯量、转速和所受负载转矩。

1. 求等效转动惯量

根据能量守恒定律有：

$$\frac{1}{2}J_{eq}\omega_k^2 = \frac{1}{2}MV^2 + \frac{1}{2}\sum_{j=1}^{n}J_j\omega_j^2$$

所以等效转动惯量为

$$J_{eq} = M\left(\frac{V}{\omega_k}\right)^2 + \sum_{j=1}^{n}J_j\left(\frac{\omega_j}{\omega_k}\right)^2$$

用工程上常用单位时，可将上式改写为

$$J_{eq} = \frac{1}{4\pi^2}M\left(\frac{V}{n_k}\right)^2 + \sum_{j=1}^{n}J_j\left(\frac{n_j}{n_k}\right)^2$$

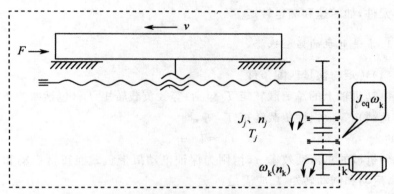

图 6-1　机床工作台伺服进给系统

移动部分为丝杠螺母传动时，跟丝杠连接的齿轮是第 n 个齿轮，则传动比为

$$i_{kj} = \frac{n_k}{n_j} = \frac{n_k}{n_1}\frac{n_1}{n_2}\cdots\frac{n_{j-1}}{n_j} = i_{k1}i_{12}\cdots i_{(j-1)j}$$

式中，$i_{(j-1)}$ 为第 $(j-1)$ 级传动比

2. 求等效负载转矩

上述系统在时间 t 内克服负载所做功的总和等于执行元件所做功，即：

$$T_{eq}\omega_k t = Fvt + \sum_{j=1}^{n}T_j\omega_j t$$

所以，等效负载转矩为

$$T_{eq} = F\left(\frac{v}{\omega_k}\right)^2 + \sum_{j=1}^{n} T_j\left(\frac{\omega_j}{\omega_k}\right)$$

用工程上常用单位时，可将上式改写为

$$T_{eq} = \frac{1}{2\pi}\left(\frac{v}{n_k}\right) + \sum_{j=1}^{n} T_j\left(\frac{\omega_j}{\omega_k}\right) = \frac{1}{2\pi}F\left(\frac{v}{n_k}\right) + \sum_{j=1}^{n} T_j\left(\frac{n_j}{n_k}\right)$$

6.2.2　执行元件的匹配选择

拟定系统方案时，要根据技术条件的要求进行综合分析，以选择与被控对象及其负载相匹配的执行元件。下面以电动机的匹配选择为例简要说明执行元件的选择方法。

电动机的转速、转矩和功率等参数应和被控对象的需要相匹配，如冗余量大，易使执行元件价格贵，使机电一体化系统的成本升高，市场竞争力下降，在使用时，冗余部分用户用不上，易造成浪费。如果选用的执行元件参数数值偏低，将达不到使用要求。所以，应选择与被控对象的需要相适应的执行元件，如转速和额定转矩。

1. 步进电机的匹配选择

（1）转矩与惯量匹配条件

电动机轴上的总负载转矩 T_Σ 包括：等效负载转矩 T_{eq}（包括摩擦负载和工作负载）、等效惯性负载转矩 $T_惯$ 等，即

$$T_\Sigma = T_{eq} + T_惯$$

考虑到机械的总传动效率 η 时，则为保证电动机带负载能正常启动和定位停止，启动和制动转矩 T_q 应满足：

$$T_q \geqslant T_\Sigma$$

此外，推荐以 $\dfrac{J_{eq}}{J_m} \leqslant 4$，其中 J_m 为步进电机的最大转动惯量。

当机床工作台某轴的伺服电机输出轴上所受等效负载转矩 $T_{eq} = 2.5$ N·m，等效转动惯量为 $J_{eq} = 3 \times 10^{-3}$ kg·m²，由工作台某轴的最高速度换算为电动机输出轴角速度 ω_m 为 50 rad/s，等加速和等减速时间 $\Delta t = 0.5$ s，机械传动系统的总传动效率为 0.85，则 $T_惯 = \dfrac{J_{eq}\omega_m}{\Delta t} = 3$ N·m。

因此，$T_\Sigma = 6.471$ N·m

若选用 110BF003 反应式步进电机，其最大静转矩 $T_{jmax} = 7.84$ N·m，当采用三相六拍通电方式，为保证带负载能正常启动和定位停止，电动机的启动和制动转矩应满足要求：$T_q \geqslant T_\Sigma$。

查步进电机 110BF003 的参数可知，$\dfrac{T_q}{T_{j\max}} \approx 0.87$，$T_q = 0.87 \times T_{j\max} =$ 6.82 N·m，因为 $T_q > T_\Sigma$，故可选用。

根据计算的 T_Σ 和 J_m 可初步选择步进电机的型号，并对电动机其他的性能指标和参数进行验算，如：最快工作进给速度时电动机输出转矩校核；最快空载移动时电动机输出转矩校核；最快空载移动时电动机运行频率校核；启动频率的校核。

（2）步距角的匹配条件

步距角的选择受脉冲当量等因素影响，应满足关系式

$$i = \alpha l_n / (360° \delta)$$

式中，i 为丝杠、电动机间的齿轮传动减速比，i 是大于 1 的数；δ 为脉冲当量，即一个脉冲步进驱动脉冲，机械装置所走过的距离；α 为步距角；l_n 为螺距。

当然，步距角越小，误差越小，则精度越高。

2. 直流、交流伺服电机的匹配选择

直流、交流伺服电机可根据估算功率进行预选。功率的估算公式如下：

$$P = \frac{(T_{eq} + J_{eq}\varepsilon_m)n_{\max}\lambda}{9.55} = T_\Sigma \omega_{\max}\lambda$$

式中，$n_{\max}$ 为电动机的最高转速；$\omega_{\max}$ 为电动机的最高角加速度；λ 为功率系数，一般取 $1.2 \sim 2$，对于小功率伺服系统可取 2.5。

在预选电动机功率后，应进行验算。

（1）过热验算

当负载转矩为变量时，应用等效法求其等效转矩和等效功率，在电动机励磁磁通 Φ 近似不变时：

$$T_{eq} = \sqrt{\frac{T_1^2 t_1 + T_2^2 t_2 + \cdots}{t_1 + t_2 + \cdots}}$$

t_1、t_2 为时间间隔，在此时间间隔内的负载转矩分别为 T_1、T_2，则所选电动机的不过热条件为：

$$\begin{cases} T_N \geqslant T_{eq} \\ P_N \geqslant P_{eq} \end{cases}$$

式中，T_N 为电动机的额定转矩；P_N 电动机的额定功率。

（2）过载验算

使电动机瞬时最大负载转矩与电动机额定转矩的比值不大于某一系

数，即

$$\frac{T_{\max}}{T_N} \leqslant k_m$$

式中，k_m 为电动机的过载系数，一般电动机产品目录中给出。

6.2.3　减速比的匹配选择与各级减速比的分配

减速比主要根据负载性质、脉冲当量和机电一体化系统的综合要求来选择确定，既要使减速比达到一定条件下最佳，同时又要满足脉冲当量与步距角之间的相应关系，还要同时满足最大转速要求等。

6.2.4　微机与检测传感装置、信号转换接口电路的匹配选择与设计

稳态设计过程中，确定了执行元件与机械传动系统之后，需要根据所拟系统的初步方案，选择和设计系统的其余部分，其内容有，选择或设计微机与检测传感装置；选择或设计信号转换接口电路、放大电路；选择或设计电源。

各部分的设计计算，必须从系统总体要求出发，考虑相邻部分的广义接口、信号的有效传递（防干扰措施）、输入/输出的阻抗匹配。总之，要使整个系统在各种运行条件下，达到各项设计要求。

伺服系统的稳态设计首先要从系统应具有的输出能力及要求出发，选定执行元件和传动装置；然后对系统的精度、速度要求出发，选择和设计微机与检测装置，并确定信号的前向和后向通道。

6.2.5　系统数学模型的建立

1. 半闭环控制方式

半闭环控制系统是在开环控制系统的伺服机构中装有角位移检测装置，通过检测伺服机构的滚珠丝杠转角，间接检测移动部件的位移，然后反馈到数控装置的比较器中，与输入原指令位移值进行比较，用比较后的差值进行控制，使移动部件补充位移，直到差值消除为止的控制系统。由于半闭环控制系统将移动部件的传动丝杠螺母不包括在环内，所以传动丝杠螺母机构的误差仍会影响移动部件的位移精度，由于半闭环控制系统调试维修方便，稳定性好，目前应用比较广泛。半闭环控制系统的伺服机构所能达到的精度、速度和动态特性优于开环伺服机构，为大多数中小型数控机床所采用。一个典型的半闭环控制系统结构框图如图 6-2 所示。

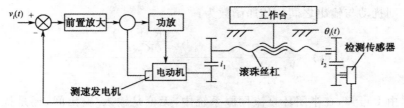

图 6-2　典型的半闭环控制系统框图

其对应的传递函数框图如图 6-3 所示。

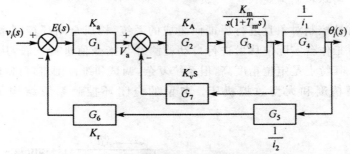

图 6-3　半闭环控制系统传递函数框图

K_a—前置放大器增益；K_A—功率放大器增益；

K_m—直流伺服电机增益；K_V—速度反馈增益；

T_m—直流伺服电机时间常数；i_1、i_2—减速比；

K_r—位置检测传感器增益；$V_i(s)$—输入电压的拉氏变换；

$\theta_i(s)$—丝杠输出转角的拉氏变换

经框图简化计算，可得半闭环控制系统的传递函数为

$$G(s)=\frac{\theta_i(s)}{V_i(s)}=\frac{K}{T_m s^2+(1+K_A K_m K_V)s+\dfrac{KK_r}{i_2}}$$

当系统受到附加外扰动转矩瓦（如摩擦转矩）时，框图变为图 6-4：

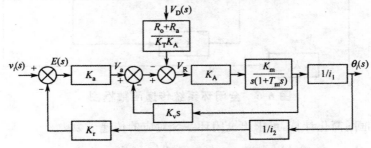

图 6-4　加入干扰后的半闭环控制系统

K_T—直流伺服电机的转矩常数；R_a—直流伺服电机转子的绕组阻抗；

R_o—功率放大器的输出阻抗；$V_D(s)$—对应于扰动力矩的等效扰动电压的拉氏变换

则扰动与输出之间的传递函数为：

$$G_D(s) = \frac{\theta_i(s)}{V_D(s)} = \frac{K_m \dfrac{(R_a + R_o)}{(K_T i_1)}}{T_m s^2 + (1 + K_A K_m K_V)s + \dfrac{K K_r}{i_2}}$$

由上可知，在半闭环直流伺服系统中，无论是输入/输出间，还是扰动/输出间的传递函数，都是二阶振荡环节。

2. 全闭环控制方式

在对被控制对象直进行反馈而组成的系统，构成全闭环控制系统。这种系统对工作台实际位移量进行自动检测并与指令值进行比较，用差值进行控制。其特点是定位精度高，但系统复杂，调试和维修困难，价格较贵，主要用于高精度和大型数控机床。典型的全闭环控制系统结构如图 6-5 所示。

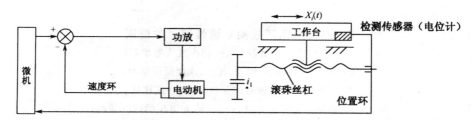

图 6-5　全闭环控制系统结构图

其对应的传递函数框图如图 6-6 所示。

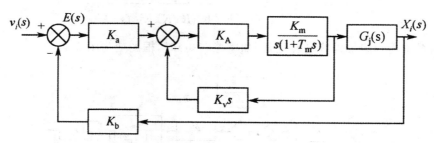

图 6-6　全闭环系统传递函数框图

经框图简化计算，可求出全闭环系统对应的传递函数为

$$G(s) = \frac{X_i(s)}{V_i(s)} = \frac{K G_j(s) i_1}{T_m s^2 + (1 + K_A K_m K_V)s + K K_b G_j(s) i_1}$$

6.3　机电一体化系统的动态设计方法

6.3.1　系统的校正(补偿)方法

当系统有输入或受到外部干扰时,其输出必将发生变化,由于系统中总是含有一些惯性或储能元件,其输出量也不能立即变化到与外部输入或干扰相对应的值,也就是说需要有一个变化过程,这个变化过程即为系统的过渡过程。

机电一体化系统的动态设计过程,首先要根据系统传递函数(可由理论推导或实验方法获得)分析系统过渡过程品质(响应的稳、快、准)。

系统在阶跃信号作用下,过渡过程大致有以下三种情况:系统的输出按指数规律上升,最后平稳地趋于稳态值;系统的输出发散,没有稳态值,此时系统是不稳定的;系统的输出虽然有振荡,但最终能趋于稳态值。

具体表征系统动态特性好坏的定量指标就是系统过渡过程的品质指标,可以用时域内的单位阶跃响应曲线(图 6-7)中的参数来表示。

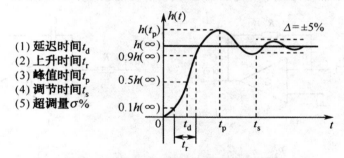

图 6-7　单位阶跃响应过渡过程曲线

1. PID 调节器

当系统过渡过程性能指标不满足要求时,可先调整系统中的有关参数,如仍不能满足使用要求就需进行校正(补偿)。常用的校正网络是 PID 调节器(P—比例、I—积分、D—微分),它由运算放大器与阻容电路组成,其类型如图 6-8 所示。

(1)比例调节器(见图 6-8(a))

$$G_c(s) = -\frac{R_2}{R_1} = -K_p$$

它的调节作用的大小主要取决于增益峰(比例系数)的大小。K_p越大,调节作用越强,但是存在调节误差。而且 K_p 太大会引起系统不稳定。

（2）积分调节器（图 6-8(b)）

$$G_c(s) = \frac{1}{RC} = \frac{1}{(T_i s)}$$

系统中采用积分环节可以减少或消除误差,但由于积分调节器响应慢,故很少单独使用。

（3）比例－积分调节器（图 6-8(c)）

$$G_c(s) = -\left(\frac{R_1}{R_2}\right)\left(\frac{1+1}{R_2 C}\right) = -K_p\left(\frac{1+1}{T_i s}\right)$$

这种环节既克服了单纯比例环节有调节误差的缺点,又避免了积分环节响应慢的弱点,既能改善系统的稳定性能,又能改善其动态性能。

（4）比例－积分微分调节器（图 6-8(d)）

$$G_c(s) = -K_p\left[\left(\frac{1+1}{T_i s}\right) + T_d s\right]$$

这种校正环节不但能改善系统的稳定性能,也能改善其动态性能。但是,由于它含有微分作用,在噪声比较大或要求响应快的系统中不宜采用;PID 调节器能使闭环系统更加稳定,其动态性能也比用 PI 调节器时更好。

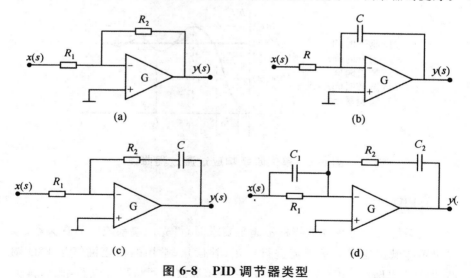

图 6-8　PID 调节器类型

2.PID 调节作用分析

图 6-9 为闭环机电伺服系统结构图的一般表达形式。图中的调节器 $G_c(s)$ 是为改善系统性能而加入的。在控制系统的评价或设计中,重要的是系统对目标值的偏差和系统在有外部干扰时所产生的输出(即误差)。

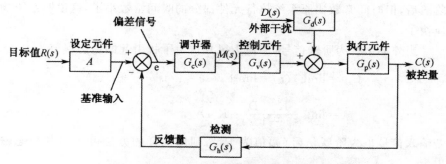

图 6-9　带有调节器的闭环伺服系统结构图

由此可写出控制系统对输入和干扰信号的闭环传递函数分别为：

$$\frac{C(s)}{R(s)}=\frac{AG_c(s)G_V(s)G_p(s)}{1+G_c(s)G_V(s)G_p(s)G_h(s)}$$

$$\frac{C(s)}{D(s)}=\frac{G_p(s)G_d(s)}{1+G_c(s)G_V(s)G_p(s)G_h(s)}$$

式中，$C(s)$ 为输出量拉氏变换；$R(s)$ 为输入量拉氏变换；$D(s)$ 为外部干扰信号拉氏变换；$G_c(s)$ 为调节器的传递函数；$G_V(s)$ 为控制元件的传递函数；$G_p(s)$ 执行元（部）件的传递函数；$G_h(s)$ 为检测元件的传递函数；$G_d(s)$ 为外部干扰的传递函数。

系统在输入和干扰信号同时作用下的输出为

$$C(s)=\frac{AG_c(s)G_V(s)G_p(s)}{1+G_c(s)G_V(s)G_p(s)G_h(s)}R(s)+\frac{G_p(s)G_d(s)}{1+G_c(s)G_V(s)G_p(s)G_h(s)}D(s)$$

调节器控制作用有三种基本形式，即比例作用、积分作用和微分作用。每种作用可以单独使用也可以组合使用，但微分作用形式很少单独使用，一般与比例作用形式或比例—积分作用形式组合使用。

下面讨论各种控制形式对系统产生的控制结果。

设 $G_p(s)=\dfrac{K_0}{T_Ds+1}$，$G_d(s)=\dfrac{1}{K_p}$，$G_V(s)=K_V$，$G_h(s)=K_h$

（1）应用比例（P）调节器

系统的闭环响应为

$$C(s)=\frac{AK_0K_v\dfrac{K_p}{T_Ds+1}}{1+\dfrac{K_0K_vK_pK_h}{T_Ds+1}}R(s)+\frac{\dfrac{K_p}{T_Ds+1}\dfrac{1}{K_p}}{1+\dfrac{K_0K_vK_pK_h}{T_Ds+1}}D(s)=\frac{K_1}{\tau_1s+1}R(s)+\frac{K_2}{\tau_2s+1}D(s)$$

式中，$K_2=\dfrac{1}{1+K_0K_vK_pK_h}$，$K_1=\dfrac{AK_0K_vK_p}{1+K_0K_vK_pK_h}$；$\tau_1=\dfrac{T_D}{1+K_0K_vK_pK_h}$

从以上推导知，系统加入具有比例作用的调节器时，其闭环响应仍为一阶滞后,但时间常数比原系统执行元件部分的时间常数小了,这说明系统响应快了。

当外部干扰为阶跃信号(幅值为风)时,由干扰引起的稳态误差为

$$C_{ssd} = \lim_{t \to \infty} C_d(t) = \lim_{s \to 0} s C_d(s) = \lim_{s \to 0} s \frac{K_2}{\tau_1 s + 1} D(s)$$

$$= \lim_{s \to 0} s \frac{K_2}{\tau_1 s + 1} \frac{D_0}{s} = K_2 D_0$$

若输入信号也为阶跃信号(幅值为 R_0),则用同样的方法可求出其稳态输出为:

$$C_{ssr} = \lim_{s \to 0} s C_r(s) = K_1 R_0$$

若取 $K_1 = 1$,即 $A = \frac{(1 + K_0 K_v K_p K_h)}{(K_0 K_v K_p)}$,则输出等于输入。

由以上可以看出,比例调节作用的大小,主要取决于比例系数 K_0,K_0 越大调节作用越强,动态特性也越好。但 K_0 太大,会引起系统不稳定。比例调节的主要缺点是存在误差。因此,对于干扰较大、惯性也较大的系统,不宜采用单纯的比例调节器。

(2)应用积分(I)调节器

系统的闭环响应为

$$C(s) = \frac{A \dfrac{K_v K_p}{T_i s (T_D s + 1)}}{1 + \dfrac{K_0 K_v K_p}{T_i s (T_D s + 1)}} R(s) + \frac{\dfrac{1}{T_D s + 1}}{1 + \dfrac{K_0 K_v K_p}{T_i s (T_D s + 1)}} D(s)$$

$$= \frac{\dfrac{A K_v K_p}{T_i T_D}}{s^2 + \dfrac{1}{T_D} s + \dfrac{K_v K_p K_h}{T_i T_D}} R(s) + \frac{\dfrac{1}{T_D} s}{s^2 + \dfrac{1}{T_D} s + \dfrac{K_v K_p K_h}{T_i T_D}} D(s)$$

按照(1)的计算方法,系统对阶跃干扰信号的稳态响应为零,即外部干扰不会影响该控制系统的稳态输出。当目标值阶跃变化时,其稳态响应为

$$C_{ssr} = \lim_{s \to 0} s C_r(s) = \frac{A}{K_h} R_0$$

若取 $A = K_h$,则稳态输出值等于目标值。

积分调节器的特点是,调节器的输出值与偏差 e 存在的时间有关,只要有偏差存在,输出值就会随时间增加而不断增大,直到偏差 e 消除,调节器的输出值才不再发生变化。因此,积分作用能消除误差,这是它的主要优点。但由于积分调节器响应慢,所以很少单独使用。

(3)应用比例-积分(PI)调节器

系统的闭环响应为

$$C(s) = \frac{\dfrac{AK_0 K_v K_p}{T_i T_D}(T_i s + 1)}{s^2 + \dfrac{1 + K_0 K_v K_p K_h}{T_D}s + \dfrac{K_0 K_v K_p K_h}{T_i T_D}}R(s)$$

$$+ \frac{\dfrac{s}{T_D}}{s^2 + \dfrac{1 + K_0 K_v K_p K_h}{T_D}s + \dfrac{K_0 K_v K_p K_h}{T_i T_D}}D(s)$$

按(1)的计算方法,当外部干扰为阶跃信号时,其稳态响应为零,即外部扰动不会影响该系统的稳态输出。若目标值阶跃变化,其稳态输出为:

$$C_{ssr} = \frac{A}{K_h}R_0$$

这与应用积分作用的情况相同,但瞬态响应得到了改善。由以上分析可知,应用 PI 调节器,既克服了单纯比例调节有稳态误差存在的缺点,又避免了积分调节响应慢的缺点,即稳态和动态特性都得到了改善,应用广泛。

(4)应用比例－积分－微分(PID)器

对于一个完整的 PID 调节器,在阶跃信号作用下,首先是比例和微分作用,使其调节作用加强,然后再进行积分,直到最后消除误差为止。因此,采用 PID 调节器无论是从稳态,还是从动态的角度来说,调节品质均得到了改善,从而使用 PID 调节器成为一种应用最为广泛的调节器。由于 PID 调节器含有微分作用,所以噪声大或要求响应快的系统最好不使用。

3.局部反馈校正

在机电伺服系统中,执行元件系统是显著的非线性环节,它严重影响系统的稳定性。为改善这种状况,常采用电流负反馈或速度负反馈。

在其中加入测速发电机进行速度反馈就是局部负反馈的实例之一,如图 6-10 所示。

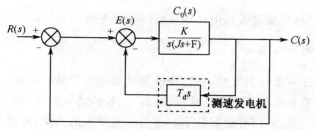

图 6-10　速度反馈校正框图

设被控对象的传递函数为 $G_0(s) = \dfrac{K}{s(Js+F)}$

无局部反馈校正器的控制系统闭环传递函数为 $\Phi(s) = \dfrac{K}{Js^2+Fs+K}$

加上速度反馈校正后的闭环传递函数为 $\Phi'(s) = \dfrac{K}{Js^2+(F+T_dK)s+K}$

式中，J 为系统的等效转动惯量；F 为系统的等效黏性摩擦系数；K 为未加校正器时的系统开环增益。

比较两式可知，用反馈校正后，系统的阻尼（由分母中第二项的系数决定）增加了，因而阻尼比 ζ 增大，超调量 σ 减小，相应地相角裕量 γ 则会增加，故系统的相对稳定性得到改善。

通常，局部反馈校正的设计方法比串联校正复杂。但它有自己的优点，如图 6-11 所示。

当 $|G(s)H(s)| \geqslant 1$ 时，局部反馈部分的等效传递函数：

$$\frac{G(s)}{1+G(s)H(s)} \approx \frac{1}{H(s)}$$

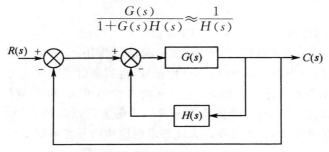

图 6-11　局部反馈校正框图

因此，被局部反馈所包围部分的元件的非线性或参数的波动对控制系统性能的影响可以忽略。基于这一特点，采用局部速度反馈校正可以达到改善系统性能的目的。

6.3.2　机械结构弹性变形对系统的影响

结构谐振（机械谐振）：由传动系统的弹性变形而产生的振动。

1. 结构谐振的影响

由于机械装置具有柔性，其物理模型可简化为质量—弹簧—阻尼系统。例如机床进给系统中，床身、电动机、减速箱、各传动轴都有不同程度的弹性变形，并具有一定的固有谐振频率。对于一般要求的系统，控制系统的频带比较窄，只要传动系统设计的刚度较大，结构谐振频率通常远大于闭环上限频率，故结构谐振问题并不突出。

随着科学技术的发展,对控制系统的精度和响应快速性要求越来越高,这就必须提高控制系统的频带宽度,从而可能导致结构谐振频率逐渐接近控制系统的带宽,甚至可能落到带宽之内,使系统产生自激振荡而无法工作,或使机构损坏。

2.结构谐振的分析

在机电伺服系统中,机械传动系统的结构形式多种多样。为分析方便,可将整个机械传动系统的弹性变形等效到输出轴上,如图 6-12 所示。

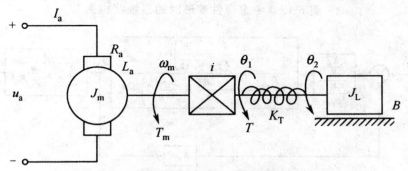

图 6-12　考虑机械弹性变形的传动系统模型

其中,L_a 为电动机电枢回路的电感;R_a 为电动机电枢回路的电阻;J_m 为电动机电枢(转子)的转动惯量;U_a 和 I_a 为电动机的电枢电压和电流;ω_m 为电动机输出轴的角速度;T 为电动机的电磁转矩;K_T 为输出轴的弹性力矩;研为扭转变形弹性系数;θ_1、θ_2 为弹性轴输入/输出端角位移;J_L 为被控对象 A 的负载惯量;B 为黏性阻尼系数;i 为减速器的减速比。由图可得到下面的方程组:

$$
\begin{cases}
U_a = K_a\omega_m + I_a(R_a + L_a s) \\
T_m = K_m I_a \\
T_m = J_m s\omega_m + \dfrac{T}{i} \\
\omega_m = is\theta_1 \\
T = K_T(\theta_1 - \theta_2) = K_T\theta \\
T = J_L s^2\theta_2 + Bs\theta_2
\end{cases}
$$

并据此得到系统的结构,如图 6-13 所示。

进一步可简化成图 6-14 所示的形式,其中,$\tau_a = \dfrac{L_a}{R_a}$ 为伺服电机的电磁时间常数,$J'_m = Jmi^2$ 是从电动机输出轴折算到减速器输出轴上的等效转动惯量。

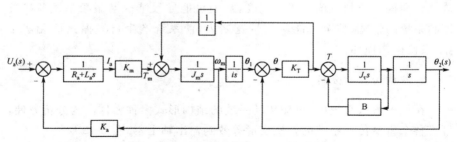

图 6-13   考虑弹性变形时的系统结构图

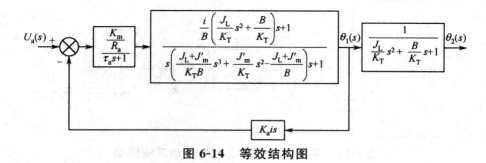

图 6-14   等效结构图

可以看出,由于传动装置的弹性变形,不仅 θ_1 到 θ_2 之间存在一个振荡环节,而且在电动机的等效传递函数中,分子和分母都增加了高次项。只有当 $K_T = \infty$,即为纯刚性传动时,才与不考虑弹性变形时的系统结构相一致。

传递函数为

$$G(s) = \frac{\Theta_2(s)}{U_a(s)}$$

$$= \frac{\dfrac{K_m i}{R_a B}}{\left\{ s\left[(\tau_a s+1)\left(\dfrac{J_L+J'_m}{K_T B}s^3 + \dfrac{J'_m}{K_T}s^2 + \dfrac{J_L+J'_m}{B}s+1 \right) + \dfrac{K_m K_a i^2}{R_a B}\left(\dfrac{J_L}{K_T}s^2 + \dfrac{B}{K_T}s+1 \right) \right] \right\}}$$

当 L_a 与 B 可以忽略不计时,传递函数可以简化为

$$G(s) = \frac{\Theta_2(s)}{U_a(s)} = \frac{\dfrac{1}{K_a i}}{\left\{ s\left[\dfrac{R_a J_m}{K_a K_m}\dfrac{J_L}{K_T}s^3 + \dfrac{J_L}{K_T}s^2 + \dfrac{R_a(J_L+J_m i^2)}{K_a K_m i^2}s+1 \right] \right\}}$$

用根轨迹法对上式的分母进行因式分解,将其改写为

$$G(s) = \frac{\Theta_2(s)}{U_a(s)} = \frac{1}{K_a i \tau_L s^2} - \frac{\tau_L}{(\tau_m s+1)(\tau^2 s^2+1)\tau_L s}$$

式中,$\tau_m = \dfrac{R_a J_m}{K_a K_m}$ 为电动机的机电时间常数;$1/\tau$ 为电动机的机电时间常数;

$\tau = \sqrt{\dfrac{J_L}{K_T}}$ 为机械自振角频率；$\tau_L = \dfrac{R_a J_L}{K_a K_m i^2}$ 为被控对象的等效时间常数，简化后的等效框图和小闭环的开环根轨迹如图 6-15 所示（可见，小闭环的开环极点包括一个负实极点和一对共扼复极点）。

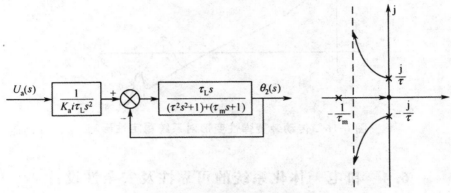

图 6-15　等效结构图及根轨迹

由于 τ_L 的值很小，可以忽略，故小闭环的闭环极点离开环极点 $\dfrac{-1}{\tau_m}$、$\dfrac{j}{\tau}$、$-\dfrac{j}{\tau}$ 也不远。小闭环传递函数分母可以写成：

$$(\tau_m s + 1)(\tau^2 s^2 + 1) + \tau_L s \approx (\tau'_m s + 1)(\tau'^2 s^2 + 2\zeta\tau' s + 1)$$

式中，τ'_m 的数值与 τ_m 相近，τ'_m 的数值与石相近，因此，最终的传递函数为：

$$G(s) = \frac{\Theta_2(s)}{U_a(s)} \approx \frac{1}{K_a i \tau_L s^2} - \frac{\tau_L}{(\tau'_m s + 1)(\tau'^2 s^2 + 2\zeta\tau' s + 1)}$$

可见，考虑弹性变形时，伺服系统的传递函数既有积分环节和惯性环节，又有振荡环节。由于共扼复根靠虚轴很近，即相对阻尼比很小（$0.01 < \zeta < 0.1$），因此，这样的振荡环节具有较高的谐振峰值。而当 $K_T = \infty$，即为纯刚性传动时，可知：不考虑弹性变形时，伺服系统的传递函数只有积分环节和惯性环节。

当被控对象负载惯量 J_L 降低，传动装置刚性 K_T 升高，则结构谐振的频率 ω_n 升高；当被控对象负载惯量 J_L 升高，传动装置刚性 K_T 降低，则结构谐振的频率 ω_n 降低。

传动装置弹性变形对系统稳定性的影响如图 6-16 所示，若 ω_n 处在系统的通频带之外（即高频段），就可以认为结构谐振对整个伺服系统的动态性能没有影响（图中实线）；若 ω_n 处于系统的中频段（图中虚线），结构谐振对伺服系统的影响就会很大，致使系统在附近产生自激振荡。对要求加速度很大、快速性能好的系统，由于通频带较宽，因而更容易出现自激振荡。

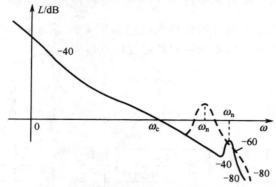

图 6-16　传动装置弹性变形对系统稳定性影响

6.4　机电一体化系统的可靠性及安全性设计

6.4.1　可靠性设计

1.保证产品(或系统)可靠性的方法

保证产品具有必要的可靠性是一个综合性问题，不能单纯依靠某一特定的方法。在保证产品可靠性的方法中，提高产品的"设计和制造质量"是最根本的方法，它的作用是消除故障于发生之前，或者降低故障率。但从某种意义上来讲，由于故障是一种随机事件，因而是不可避免的。在这种情况下，冗余技术就成为保证产品可靠性的一种重要方法，它可以在故障发生之后把故障造成的影响掩蔽起来，使产品在一定时间内继续保持工作能力。如果说冗余技术是一种掩蔽法，那么诊断技术就是一种暴露法，它可以把已经出现的或即将出现的故障及时暴露出来，以便迅速修复。因为故障掩蔽只能推迟产品失效的时间，如果时间一长，故障就会累积起来，终归是掩蔽不住。因此，诊断技术的作用就在于及时发现故障，以便缩短修理时间，提高产品的有效度。

(1)提高产品的设计和制造质量

保证产品的可靠性，要从设计和制造入手，在保证实现各种基本性能指标的同时，还要保证可靠性。在设计过程中，要进行可靠性分析，估计系统和单元中各种引起失效的可能因素，采取必要的可靠性措施，以降低产品的故障率。这时可以采用可靠性预测的方法，对各种可靠性指标进行估计。

制造阶段中的原材料和制造工艺,都要保证完全达到各项设计指标。最后,可对产品进行可靠性试验,以便确定实际产品的可靠性指标。

(2)冗余技术

冗余技术又称储备技术。它是利用系统的并联模型来提高系统可靠性的一种手段。冗余有工作冗余和后备冗余两类。

工作冗余:又称工作储备或掩蔽储备,是一种两个或两个以上单元并行工作的并联模型。平时,由各个单元平均负担工作应力,因此工作能力有冗余。只有当所有的单元都失效时系统才失效,如果还有任何一个单元未失效,系统就可靠地工作,不过这个单元要负担额定的全部工作应力。

后备冗余:又称非工作储备或待机储备。平时只需一个单元工作,另一个单元是冗余的,用于待机备用。这种系统必须设置失效检测与转换装置,不断检测工作单元的工作状态,一旦发现失效就启动转换装置,用后备单元代替失效的工作单元。

在设计中,究竟采用哪种冗余方法为好,要根据具体情况作具体分析。如果失效检测和转换装置绝对可靠,则后备冗余的可靠度比工作冗余法高,如果不绝对可靠,就宁肯采用工作冗余法,因工作冗余系统还有一个优点,就是由于冗余单元分担了工作应力,各单元的工作应力都低于额定值,因此其可靠度比预定值高。选择冗余法必须考虑产品性能上的要求,如果由多个单元同时完成同一工作显著影响系统的工作特性时,就不能采用工作冗余法;产品设计必须考虑环境条件和工作条件的影响,例如,如果多个工作单元同时工作,因每个工作单元的温升而产生系统所不能容许的温升时,最好采用后备冗余法。又如系统的电源有限,不足以使冗余单元同时工作,也以采用后备冗余法为好。

2. 干扰和抗干扰措施

在机电一体化产品(或系统)中,电噪声的干扰是产生元部件失效或数据传输、处理失误、进而影响其可靠性的最常见和最主要的因素,这是机电一体化产品设计中不可忽视的问题之一。

(1)干扰源

一般来说,在机电一体化系统(或产品)中,用专用或通用微型计算机组成的控制器,其硬件经过筛选和老化处理,可靠性非常高,平均无故障工作时间较长,因此,引起控制器故障(失效)的原因多半不在于其本身,而在于从各种渠道进入控制器的干扰信号。

图 6-17 表示干扰信号进入控制器的各种渠道。这些渠道可分为两大类型:一是传导型,通过各种线路传入控制器,包括供电干扰、强电干扰和接

地干扰等;二是辐射型,通过空间感应进入控制器,包括电磁干扰和静电干扰等。

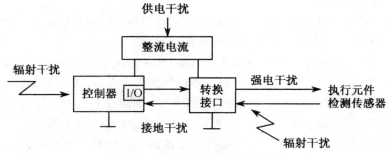

图 6-17　干扰渠道示意图

供电干扰:控制器一般都配备有专用的直流稳压电源,即使如此,从交流供电网传来的干扰信号仍然可能影响电源电压的稳定性,并可能经过整流电源窜入控制器。这些干扰信号主要来源于附近大容量用电设备的负载变化和开、停时产生的电压波动。这些设备在启动时使电网电压瞬时降低,在停止时又产生过电压和冲击电流。此外,雷电感应也会产生冲击电流。供电电网对控制器的另一种干扰是断电或瞬时断电,这将引起数据丢失或程序紊乱。

强电干扰:驱动电路中的强电元件如继电器、电磁铁和接触器等感性负载,在断电时会产生过电压和冲击电流。这些干扰信号不仅影响驱动电路本身,还会通过电磁感应干扰其他信号线路。这种强电干扰信号能通过外部接口通道影响控制器内部 I/O 接口的状态,并通过 I/O 接口进入控制器。

接地干扰:接地干扰是由于接地不当、形成接地环路产生的。图 6-18 为接地环路的两种典型情况。图(a)是由于接地点远而形成的环路,因为不同位置的接地点一般不可能电位相同,因此形成图中所示的地电位差;图(b)是采用公用地线串联接地而形成的环路,由于各设备负载不平衡、过载或漏电等原因,可能在设备之间形成电位差;无论哪种情况形成的电位差,都会产生一个显著的电流而干扰电路的低电平。

辐射干扰:如果在控制系统附近存在磁场、电磁场、静电场或电磁波辐射源,就可能通过空间感应,直接干扰系统中的各设备(控制器、驱动接口、转换接口等)和导线,使其中的电平发生变化,或产生脉冲干扰信号。系统附近或系统中的感性负载是最常见的干扰源,它的开、停会引起电磁场的急剧变化,其触点的火花放电也会产生高频辐射。人体和处于浮动状态的设备都可能带有静电,甚至可能积累很高的电压。在静电场中,导体表面的不同部位会感应出不同的电荷,或导体上原有的电荷经感应而重新分配,这些都将干扰控制系统的正常运行。

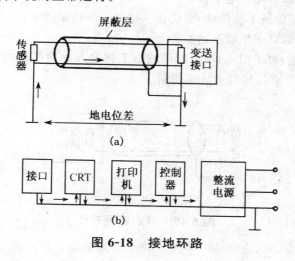

图 6-18　接地环路

（2）抗干扰措施

用来抑制上述各种干扰信号的产生或防止干扰信号危害的抗干扰措施,既有针对各种干扰源的性质和部位而采取的措施,也有从全局出发而采取的提高产品可靠性的措施。

供电系统的抗于扰措施:针对交流供电网络这个干扰源所采取的抗干扰措施主要是稳（稳压）、滤（滤波）、隔（隔离）。

增加电子交流稳压器:在直流稳压电源的交流进线侧增加电子交流稳压器、用来稳定 220 V 单向交流进线电压,可以进一步提高电源电压的稳定性。

增加低通滤波器,用来滤去电源进线中的高频分量或脉冲电流。

加入隔离变压器,以阻断干扰信号的传导通路,并抑制干扰信号的强度。

在可靠性要求很高的地方,可采用不间断电源（具有备用直流电源）,以解决瞬时停电或瞬.时电压降所造成的危害。

接口电路的抗干扰措施:在控制器与执行元件之间的驱动接口电路中,少不了由弱电转强电的电感性负载,以及用来通、断电感负载的触点,这些都是产生强电干扰的干扰源。对于这种干扰,首先是采取吸收的方法抑制其产生,然后采取隔离的方法,阻断其传导。这种强电干扰,也会通过电磁感应影响控制器与检测传感器之间的转换接口电路。对于这种干扰以及从空间感应受到的其他辐射干扰、也需采取隔离的办法,以免通过转换接口进入控制器。采用 RC 电路或二极管和稳压二极管吸收在电感负载断开时产生的过电压,以消除强电干扰。

接地系统的抗干扰措施:要防止从接地系统传来的干扰,主要方法是切断接地环路,通常采用以下措施。

单点接地:对于图 6-18(a)所示的由于接地点远而形成的环路,可采用图 6-19 所示单点接地的方法来切断。

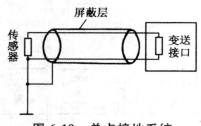

图 6-19　单点接地系统

并联接地:对于图 6-18(b)所示的由于多个设备采用公用地线串联接地而形成的环路,可用图 6-20 所示的并联接地的方法来切断。

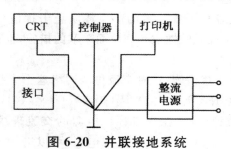

图 6-20　并联接地系统

光电隔离:对于用长线传输的数字信号,可用光电耦合器来切断接地环路。

6.4.2　安全性设计

随着生产机械、搬运机械、装配机械等的机电一体化的发展、自动化程度的提高,安全性设计越来越重要。从工业安全角度来看,要减少生产事故的发生,在很大程度上寄希望于发展机电一体化技术。本节以工业机器人为例讨论安全性设计问题。

1. 工业机器人产生事故的原因

随着自动化程序的提高,由于操作简单而淡化了安全观念,这是产生事故的主要原因之一。这是因为:

由于机器人是自动线的一个重要组成部分,因而往往不太注意机器人本身的安全措施。

而由于机器人作为自动化的手段,又容易忽视人－机的配合。会出现以下问题,对机器人的可靠性还较低的认识不足;虽是自动机械,但实际上与人有密切联系,尽管人的不安全动作直接与事故有联系,但在设计和使用上还没充分认识到这一点;机器人的手臂是在三维空间运动的,没有在整体上充分考虑安全保护措施。

因此,在维修或调整时,自动化机械突然起动而造成事故的情况以及在机器人或自动机械的危险作业区、几台自动机械的接口处、甚至由于钩切屑等小事而造成事故的情况较多。发生机器人事故的情况(如被机器人搬运的工件碰伤、或被机械手碰伤、夹住等)多数是在某种误动作时发生的。误动作的原因主要是机器人的可靠性低引起的,如控制电路不正常、伺服阀故障、内外检测传感器不正常、与其他机械的联锁机构和接口故障,以及人的操作失误等。使用机器人或自动机械时,人不可避免地要进入危险作业区,例如进行示教操作或调整时,人要接近机器人或自动机械去对准位置,这时当然不能预先切断电源,如果由于噪声干扰或伺服阀门的灰尘引起误动作,就会被机器人手臂碰伤。有时在检查示教动作能否正确再现时,也需要操作人员进入危险区。

2.工业机器人的安全措施

工业机器人主要的安全措施是故障自动保护化,其内容有两点,一是必须具有通过伺服系统对机器人的误动作进行监视的功能,一有异常动作应自动切断电源;二是必须具有当人误入危险区时,能立即测知并自动停机的故障自动检测系统。具体讲其安全措施有设置安全栅、安装警示灯、安装监视器、安装防越程装置、安装紧急停止装置以及低速示教等。

随着机器人的构造与功能的进步,机器人的自由度增加了,运动范围扩大了,其应用范围也在不断扩大,人机的安全问题就更加突出。

如上所述,在工业机器人等机电一体化设备中,虽然安装了各种安全装置,但为了提高工作效率,这类设备有高速化、大型化的趋势。此外,由于有与操作者混在一起使用的情况,一旦发生事故,就是重大事故。因此,有必要进一步进行技术研究,采取可靠性更高的安全措施。

有些问题虽然可以通过机电一体化技术得到解决,但是,如果稍有疏漏,机电一体化机械设备就有沿袭老式自动机械的缺点的危险,这是值得注意的问题。

第7章　常用机械加工设备的机电一体化
改造分析与设计

在机械加工设备中,如果绝大多数传统机床,改用微机控制、实现机电一体化改造,将会适应多品种、小批量、复杂零件加工的需求,不但提高加工精度和生产率,而且会降低生产成本、缩短生产周期,更加适合我国国情。利用微机实现机床的机电一体化改造的方法有两种,一种是以微机为中心设计控制系统;另一种是采用标准的步进电动机数字控制系统作为主要控制装置,前者需要重新设计控制系统、比较复杂;后者选用国内标准化的微机数控系统、比较简单。这种标准的微机数控系统通常采用单扳机、单片机、驱动电源、步进电动机及专用控制程序组成的开环控制,如图7-1所示,其结构简单、价格低廉。对机床的控制过程大多是由单片机或单扳机,按照输入的加工程序进行插补运算—由软件或硬件实现脉冲分配,输出一系列脉冲,经功率放大、驱动纵横轴运动的步进电动机。

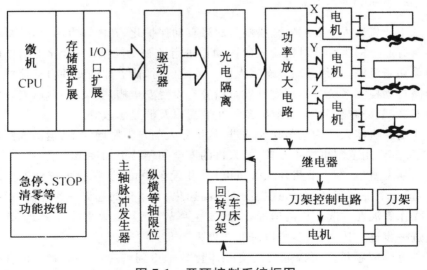

图 7-1　开环控制系统框图

7.1　机床的机电一体化改造分析

7.1.1　机械传动系统的改造设计方案分析

1. 车床机械传动系统的改造设计方案分析

图 7-2 为 CA6140 机床改造方案。这种改造方案均比较简单，当数控系统出现故障时，仍可使用原驱动系统进行手动加工。改装时，只要将原机床进给丝杠尾部加装减速箱和步进电动机（如图中 A 和 B）即可。对 CA6140 车床的纵向（z 向）进给运动，可将对开开合螺母合上，离合器，M_5 脱开，以使主运动与进给运动脱开，此时，将脱开蜗杆等横向自动进给机构调整至空挡（脱开）位置。若原刀架换为自动转位刀架则可以由微机控制自动转换刀具，否则仍由手动转动刀架。如需加工螺纹，则要在主轴外端或其他适当位置安装一个脉冲发生器 C 检测主轴转位，用它发出的脉冲来保证主轴旋转运动与纵向进给运动的相互关系，因为在车螺纹时，主轴转一转，车刀要移动一个螺距（单头螺纹）。为了每次吃刀都不乱扣，也必须取得脉冲发生器的帮助。

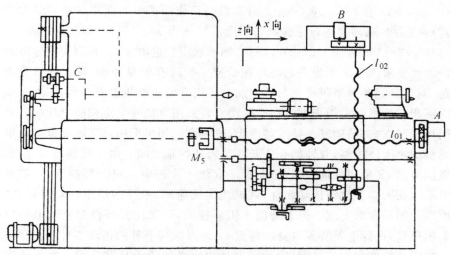

图 7-2　CA6140 车床的改造方案

这种改造方案成本较低。但是，为了保证加工精度，还需根据实际情况对机床进行检修，以能保证控制精度。原机床运动部件（包括导轨副、丝杠副等）安装质量的好坏，直接影响阻力和阻转矩的大小，应尽量减小阻力（转矩），以提高步进电动机驱动转矩的有效率。对丝杠要提高其直线度，导轨压板及螺母的预紧力都要调得合适。为减少导轨副的摩擦阻力可改换成滚动导轨副或采用镶塑料导轨。根据阻力（转矩）、切削用量的大小及机床型号的不同，应通过计算，选用与之相匹配的步进电动机。如果选用步进电动机的最大静转矩冗余过大，价格就贵，改造成本就高，对用户来说，在使用中，转矩的冗余部分始终用不上，是一个极大的浪费；如果选得过小，在使用中很可能会因各种原因而使切削阻力突然增大、驱动能力不够，引起丢步现象的产生，造成加工误差。

2. 铣床机械传动系统改造方案分析

图 7-3 为 XA6132 普通升降工作台卧式铣床的改造方案。其改造目的主要是加工不同品种的凸轮轴。由于凸轮轴所需加工的轮廓外形含有直线；圆弧和渐开线，要求的轮廓的尺寸公差为 0.1 mm，表面粗糙度为 $R_a1.6$。因此，采用了三坐标联动方案。为使铣床的机电一体化改造后的性能不低于原铣床，选 X、Z 坐标快进速度不低于 2.4 m/min，水平拖动力按 15 kN 计算，则要求电动机功率 $P = Fv = 15 \times 2.4/60 = 0.6$ kW，如选用步进电动机作为执行元件，则步进电动机达不到此功率要求。例如，200BF001 反应式步进电动机，其最大静转矩为 14.7 Nm，最高空载运行频率为 11000 step/s，步距角 $\alpha = 0.16°/step$。若取最高工作频率下的工作转矩为最大静转矩的 1/4，则高速运行工作状态下所需功率为 $P_H = 1/4 \times 14.7 \times 11000 \times 0.16° \times 2\pi/360° \approx 0.1129$ kW，因此，如果选用步进电动机，必须相应地降低快速性要求。又由于步进电动机在低速工作时有明显冲击，易引起自激振荡，而且其振荡频率很可能与铣削加工所用进给速度相近或一致；对加工极为不利。故不易采用步进电动机驱动。若采用直流或交流伺服电动机的全闭环控制方案，结构复杂技术难度大，成本高。如果采用直流或交流伺服电动机的半闭环控制，其性能介于开环和闭环控制之间。由于调速范围宽；过载能力强，又采用反馈控制，因此性能远优于步进电动机开环控制；反馈环节不包括大部分机械传动元件，调试比闭环简单，系统的稳定性较易保证，所以比闭环容易实现。但是采用半闭环控制，调试比开环控制步远电动机要困难些，设计上要有其自身的特点；另外反馈环节外的传动零件将会直接影响机床精度和加工精度，因此在设计中也必须给予足够重视。在直流和交流伺服电动机之间进行比较时，交流调速逐渐扩大了其使用范围，似乎有取代直流伺服电动机的趋势。但交流伺服的控制结构较复杂，技术难度高，而且价格贵；此外，相比于直流伺服的大惯量电动机，交流伺服电动机自身惯量小，调试时困难大一些，维修时元件来源也较困难。直流伺服电动机的

控制系统技术较成熟,普及较广。

通过上述比较分析,确定采用直流伺服电动机驱动半闭环控制为宜。X、Y、Z 轴采用其中二轴作插补联动;第三轴作单独的周期进刀,故称 2.5 轴联动加工;其传动方案如图 7-3 所示。图 7-4 为结构改装装配原理图。

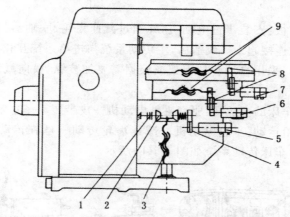

图 7-3　XA6132 铣床改造方案示意

1—离合器;2—锥齿轮副;3—滚珠丝杠副;4—减速齿轮;

5—直流伺服电动机;6—(横向)直流伺服电动机;

7—(纵向)直流伺服电动机;8—减速齿轮;9—滚珠丝杠副

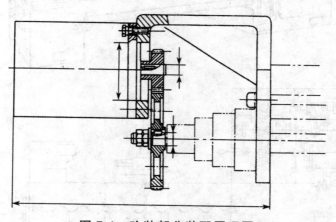

图 7-4　改装部分装配原理图

7.1.2　机械传动系统的简化

以车床为例,如果原机床不再考虑原手动传动系统的使用问题,其机械系统将得到大大简化。图 7-5(a)所示车床改装时需要改动的部分主要有五

个,分别为为:

①挂轮架系统:全部拆除。

②进给齿轮箱:箱体内零件全部拆去,原丝杠端加一个轴承套。

③溜板齿轮箱:拆去箱体部分光杠、操作杆、增加滚珠丝杠支承架和螺母座。

④横向拖板:安装步进电动机,并通过减速齿轮、联轴器将电动机轴与横向滚珠丝杠连接起来。改造后,主传动系统与进给系统互相独立。

⑤刀架体:采用自动转位刀架或根据需要加装纵、横向微调装置,供调整刀具用。

改造后,车床的主运动:驱动主轴电动机→皮带传动→主轴变速齿轮传动→主轴;进给运动:步进电动机→减速齿轮传动→丝杠传动→溜板→刀架。改造后的车床传动系统如图 7-5(b)所示。

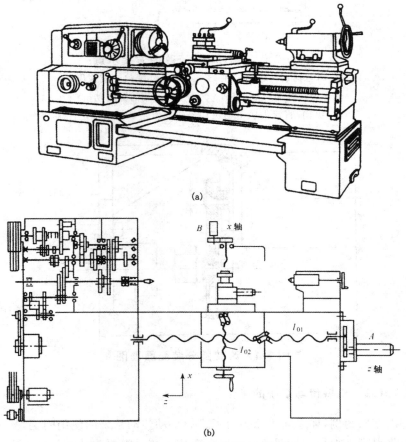

图 7-5　C620－1 车床的改造方案

自动转位刀架具有重复定位精度高、刚性好、寿命长等特点。按其工作原理可分为螺旋升降转位刀架、槽轮转位刀架、棘轮棘爪转位刀架及电磁转位刀架等。图 7-6(a)为螺旋升降转位刀架原理图,电动机 1 经弹簧安全离合器 2、蜗轮蜗杆副 3 带动螺母 6 旋转,并将刀架 5 推起使端齿盘 7 的上、下盘分离,随即带动刀架旋转到位,然后,由内装信号盘 4 发出到位信号,让电动机反转锁紧。图 7-6(b)为槽轮转位刀架原理图。它是利用十字槽轮原理进行转位和锁紧定位的。销钉盘 8 每转一周,带动槽轮转过一个槽,使其刀架 5 转过 360°/K(K 为刀架工位数)。

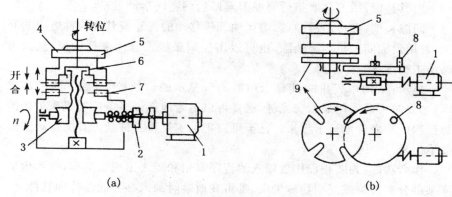

图 7-6　转位刀架原理图

1—电动机;2—安全离合器;3—蜗轮蜗杆副;4—内装信号盘;

5—刀架;6—螺母;7—端齿盘;8—销钉;9—十字槽轮

7.1.3　机床机电一体化改造的性能及精度选择

机床的性能指标应在改造前根据实际需要作出选择。以车床为例,其能加工工件的最大回转直径及最大长度,主轴电动机功率等一般都不改变。加工工件的平面度、直线度、圆柱度及粗糙度等基本上仍取决于机床本身原来的水平。但有一些性能和精度的选择是要在改装前确定,主要包括:

1. 主轴

主轴变速方法、级数、转速范围、功率以及是否需要数控制动停车等。

2. 进给运动

进给速度:Z 向(通常为 8~400(mm/min));X 向(通常为 2~100(mm/min));

快速移动:Z 向(通常为 1.2~4(m/min));X 向(通常为 1.2~5(m/min));

脉冲当量:在 0.005~0.01(mm)内选取,通常 Z 向为 X 向的 2 倍。

加工螺距范围：包括能加工何种螺纹（公制、英制、模数、径节和锥螺纹等），一般螺距在 10(min) 以内。通常进给运动都改装成滚珠丝杠传动。

3. 刀架

是否需要配置自动转位刀架，若配置自动转位刀架时需要确定工位数，通常有 4、6、8 个工位；刀架的重复定位精度通常为 5 角秒以内。

4. 其他性能指标的选择

刀具补偿：指刀具磨损后要使刀具微量调整的运动量；

间隙补偿：在传动链中，影响运动部件移动的齿轮或其他构件造成的间隙，常用消除间隙机构来消除，也可以用控制微机发脉冲来补偿掉，从而提高加工精度。

显示：采用单板机时其显示用数码管显示的位数较少，如不能满足要求，必要时可以采用显示荧光屏，这样可以清楚地把许多条控制机床工作的数控程序都完整地显示出来。甚至可以把加工过程工件及刀具的运动图形显示出来。

诊断功能：为防止操作者输入的程序有错和随之出现误动作，指示出机床某部分有故障或某项功能失灵，都可在改装时加入必要的器件和软件，使数控机床具有某些诊断功能。

以上是车床改装时考虑的一些共性问题，有时改装者根据需要还提出一些专门要求。例如，有的要求能车削大螺距的螺纹；有的要求控制机与电气箱能防灰尘，在恶劣环境下工作；有的要求车刀能高精度且方便地对刀等。

7.2 微机控制系统的设计分析

7.2.1 选择 Z80CPU 单板机的控制系统设计

利用标准的单板机（如 TP801A）作为控制器，控制车床的纵、横轴及自动转位刀架时，首先应熟悉单板机提供的资源，包括硬件资源和软件资源。硬件资源主要是指单板机的硬件配置及提供给用户扩展用的硬件特性；软件资源主要指单板机的监控程序，特别是供调用的基本子程序。对用户关系较大的资源、特点分析与选用如下：

1. 主要技术特性和硬件配置

中央处理机为 Z80CPU，晶振频率为 3.9936 MHz，不分频时其系统时钟为 4 MHz。

　　存储器共有七个 24 脚插座,可以插 5 片 2k×8 位的 6116RAM 和 2 片 2k×8 位的 2716EPROM 或者插上 7 片全是 2716EPROM 或 4k x 8 位的 2732EPROM。作为车床改造的控制系统选用 3 片 2k × 8 位的 2716EPRON 和二片 2k×8 位的 6116RAM 就足够了。2716 的读周期是 450 ns,6116 的读写周期小于 200 ns,CPU 的时钟周期是 250 ns,所以在搭配上符合要求。监控程序固化在一片 2716EPROM 内,各功能模块程序存放在另一片 2716EPROM 内,剩下的一片 EPROM 芯片用于存放常用零件的加工程序。这样安排的好处是更换零件加工程序时,只需更换一块芯片即可。2 片 61 16RAM 作为调试程序存放和运行程序的中间数据存放用。

　　I/O 口,Z80PIO 并行接口芯片,有两个 8 位可编程 I/O 口,全供用户使用。这里将 A 口作为 X、Z 轴进给系统步进脉冲的输出口,其中 $PA_0 \sim PA_2$ 为 X 向的输出口,$PA_3 \sim PA_5$ 为 Z 向输出口。B 口为位控方式,其中 $PB_0 \sim PB_3$ 为 +X、-X、+Z、-Z 的行程越位信号输入,PB_5 为急停信号输入,PB_6、PB_7 为系统工作正常、报警信号输出。

　　计数器/定时器。它有 Z80—CTC 计数器/定时器芯片一片。它的 4 个通道中 $0^\#$ 和 $3^\#$ 通道在应用程序中使用,其余由监控程序使用。

　　显示器由 6 位 LED 构成。

　　具有 31 个键的键盘,包括 16 个数字键、14 个命令键及一个复位键。足够控制使用。另外还有 S—100 总线插孔一组。

　　2. 存储器空间分配

　　单板机可寻址范围是 64 kB 字节,板上提供的插座占 16 kB,已插入的芯片占 10 kB,其余以备扩展使用。其存储空间选用分配如下:

　　0000H～07FFH 2kB EPROM 放监控程序(译码器输出 $Y_0 \rightarrow$ $\overline{\text{MON SEL}}$)

　　0800H～0FFFH 2kB EPROM 放功能子程序(译码器输出 $Y_1 \rightarrow$ $\overline{\text{PROM}_1\text{SEL}}$)

　　1000H～17FFH 2kB EPROM 放零件加工程序(译码器输出 $Y_2 \rightarrow$ $\overline{\text{PROM}_2\text{SEL}}$)

　　2000H～27FFH 2kB RAM 调试程序等(译码器输出 $Y_4 \rightarrow \overline{\text{CS}_4}$(RAM))

　　2800H～2FFFH 2kB RAM 调试程序等(译码器输出 $Y_5 \rightarrow \overline{\text{CS}_5}$(RAM))

3. I/O 地址分配

单板机设置 I/O 口地址为 80～2FH 共 32 个口地址,分配如下:

60H～83H Z80－PIO(译码器输出 $Y_0 \rightarrow \overline{PIO\ SEL}$)

84H～87H Z80CTC(译码器输出 $Y_1 \rightarrow \overline{CTC\ SEL}$)

88H～8BH 字形锁存(译码器输出 $Y_2 \rightarrow \overline{SEG\ LATCH}$)

8CH～8FH 字位锁存(译码器输出 $Y_3 \rightarrow \overline{DIGITILATCH}$)

90H～93H 读键值(译码器输出 $Y_4 \rightarrow \overline{KB\ SEL}$)

94H～9FH 用户扩展用

4. 驱动电路设计

图 7-7 为步进电动机驱动电路原理之一。为提高系统的抗干扰能力,在驱动电路(功率放大)与 I/O 口之间用光电隔离器连接。图中,由于 X、Z 轴步进电动机的 A、B、C 相控制信号输入端均接入一驱动器(跟随器)以提高驱动能力。当 I/O 口输出为高电平时,经驱动器后仍为高电平,此时发光二极管不发光,使光电隔离器中的光敏三极管截止,则 T_1、T_2 均截止,T_3、T_4 基加压导通,相绕组通电。反之,相绕组不通电。

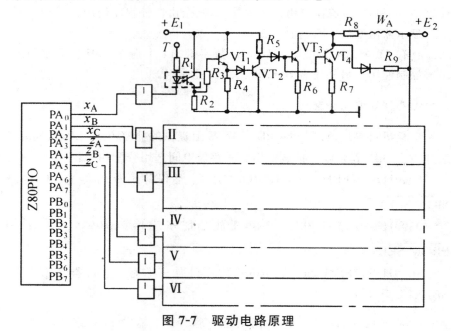

图 7-7 驱动电路原理

5.其他辅助电路

为了防止机床行程越界,所以在机床上装有行程控制开关。为了防止意外,装有急停按钮。因为这些开关都安装在机床上,距控制箱较远,容易产生电气干扰。为了避免这种情况发生,在电路和接口之间实行光电隔离。

为了报警,还设有报警电路。当绿色的发光二极管亮时表示工作正常。当红色发光二极管亮时,表示溜板箱已到极限位置。

7.2.2　选择 8031 单片机的控制系统设计

X－Y 作台的工作原理比较简单,X、Y 向均采用步进电动机并通过齿轮减速器和丝杠传动副带动工作台沿 X 和 Y 向运动,与车床 X 轴、Z 轴和铣床的 X 轴、Y 轴与 Z 轴的传动原理相同。

单片机控制系统的硬件构成:现选用 8031 单片机芯片作为主芯片。它有 P_0、P_1、P_2、P_3 四个 8 位口,P_0 口可以驱动 8 个 TIL 门电路,16 根地址总线由它经地址锁存器(74LS373)提供低 8 位 $A_0 \sim A_7$,而高 8 位 $A_8 \sim A_{15}$ 由 P_2 口直接提供。数据总线由 P_0 口直接提供。控制总线由 P_3 口的第二功能状态和 4 根独立的控制线 RESET、EA、ALE、PSEN 组成。仅剩 P_1 口可供控制外设。因此,不能满足上述控制要求,又由于 8031 芯片无 ROM,且只有 128 字节的 RAM 也是不够用的,故也需要进行扩展。现采用 8155 和2764、6264 芯片作为 I/O 口和存储器扩展芯片。显示器采用 LED 数码显示,从控制要求来看,需要 5 位数码显示,其中整数部分 3 位,小数部分 2位。其他辅助电路有复位电路、时钟电路、越位报警指示电路。延时可利用8155 的定时器/计数器的引脚 TMRIN 和 TMROUT。

综上所述绘制单片机(8031)控制系统工作原理图如图 7-8 所示。

图 7-8 中,单片机时钟利用内部振荡电路,在 XTAL1、XTAL2 引脚上外接定时元件,晶振可以在 1.2～12 MHz 间任选,电容在 5～30 pF 之间,对时钟有微调作用。越位超程报警、指示电路,采用 4 个限位开关,一旦越位,应立即停止工作台移动。这里采用中断方式,利用 8031 的外部中断,只要有一个开关闭合,即工作台的 X 向或 Y 向有一越位,便能产生中断信号。为了报警,设置了两个发光二极管灯,一个红灯用于越位报警,另一个为绿灯,工作正常时亮,两灯均由 8031 的 $P_{1.6}$ 控制。为了整体控制需要,应将8155 的输出端 TMROUT 与 8031 的 T_0 端相连,且还应与步进电动机控制用环形分配器的 CP 端相接。

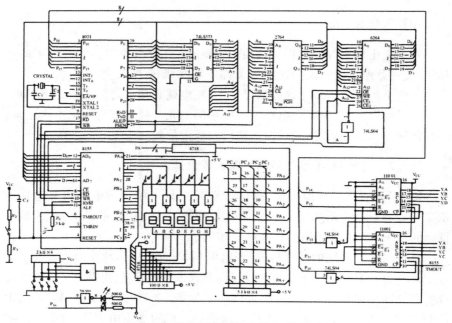

图 7-8　单片机控制系统工作原理

7.2.3　XA6132 型铣床的多 CPU 直流伺服系统设计

根据所选定的直流伺服驱动,所配数控装置应实现闭环(半闭环)控制;提供模拟量控制信号,接收半闭环的反馈信号;要能控制三个坐标轴的运动,其中至少需同时控制两轴联动完成圆弧插补;为了在加工中可使用不同尺寸的刀具,数控装置应具有刀具的半径和长度的补偿功能,以便数控加工中按轮廓编制程序而能适应刀具尺寸的变化。为了适应将来发展的需要,数控装置应具备通讯接口。因此确定选用 MTC-1M 铣床数控装置。MTC-1M 是三坐标 2.5 轴联动的铣床用多 CPU 数控装置。该装置除了有一般数控功能之外,还具有子程序和参数编程,特别是镜像功能,很适合具有对称轮廓工件的数控加工编程。此外,它还具有示教、返回和用 RS232C 通讯的功能。该数控装置还可以控制主轴转速,但由于主轴所需调速范围小,调速机会也不多,而且主轴电动机功率较大,如采用调速装置将会增加不少投资,所以改造中未采用数控装置调速,而仍保留原机床上的手动机械换挡方式对主轴实行变速。

由于采用现成的 MTC-1M 数控装置,在选配时要考虑功能需求,与伺服单元的配接,其他的输入/输出控制信号及控制能力。在配接时要考虑接口的数量及参数,必要时要设计信号变换电路,在设计参考点信号的电路时,采用了光电隔离;另外为了在接近开关及其电源、引线等发生故障时,能有二定的保护,设计了逻辑检测电路。此逻辑检测电路的作用是当发生元件损坏、断线或短路时发出信号,产生紧急停机的作用。为了能用一般的8位微处理器芯片完成插补运算,而且还要监控键盘,对显示屏幕的不断刷新等,系统采用了多CPU结构。多CPU结构是数控系统为了适应功能强、速度快、分辨力高而发展起来的很有生命力的结构型式。数控系统硬件框图如图7-9所示。

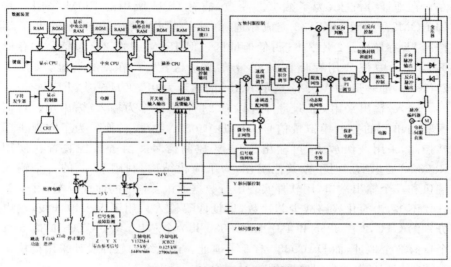

图 7-9　数控系统硬件框图

该数控装置采用三个 CPU,分别是中央 CPU,显示和键盘管理 CPU 以及插补和输入/输出 CPU。中央 CPU 起主要控制作用,负责数控程序的编辑、数控程序段的译码预处理、刀具半径补偿的计算、机器和刀具参数编辑与诊断处理,按键信号监控处理等,并且要协调另两个 CPU 的同步工作。显示 CPU 主要功能是按照中央 CPU 送来的显示命令和显示内容,组成相应的显示页面,负责产生 CRT 显示器所需要的视频扫描信号,控制显示器按规定的显示方式显示有关信息。此外,扫描键盘,将接受的键盘和开关信号经译码后送给中央 CPU 进行相应处理。插补 CPU 主要进行插补运算,发生伺服驱动所需的控制信号,接收测量元件的反馈信号,实现速度和位置的控制。此外,对输入/输出信号进行控制,并完成 RS232C 通讯功能。插补 CPU 接收中央 CPU 送来的程序段信息和其他命令,并返回插补完成情况及出错信号。为了完成信息交换,中央 CPU 与显示 CPU 之间,中央 CPU 与插补 CPU 之间分别设置了公用存储区。以中央 CPU 与插补 CPU 之间数据交换为例,为了避免两个 CPU 同时存取公用存储区而发生冲突,需要采取措施。为了简化线路和控制,该设计方案采取借用 Z80CPU

所具备的总线请求和响应的功能,以中央 CPU 为主控,当中央 CPU 需要时,通过 I/O 口,由芯片 8255 的输出向插补 CPU 的总线请求发出信号。插补 CPU 返回响应信号后,也经由 8255,从输入口传给中央 CPU。中央 CPU 接到响应信号后打开 74LS24 A 和 74LS245 总线驱动器的门,使中央 CPU 的地址信号送达插补 CPU 的存储区,数据得以传送。

在地址分配上,为了减少芯片数,插补 CPU 所用的 ROM 采用 2 片 EPROM2764,用 74LS138 完成片选,由三根地址线译码后,每个输出 Y 端控制 8k 存储区。2 片 2764 占低地址区。但 RAM 只需 2k(包括公用存储区),设计中把公用存储区放在最高地址区,为了精确的选址,又加了 74LSl39,进一步用 A_{11}、A_{12} 选定 RAM 的地址为 0F800H～0FFFFH。

输入/输出采用 8255,每片可以有 24 个端口作为输入/输出用。对伺服驱动单元的控制模拟量信号采用 DAC0830 数/模转换。为了实现正反转控制,采用 2 级放大,可输出 ±10 V 控制信号。由于数控装置在使用 RS232C 通讯功能时不做其他工作,为了简化结构,利用 8255 的一个输入端口和一个输出端口,用软件实现串行数据通讯。I/O 的地址分配,由于 I/O 片不多,为简化线路减少芯片数,地址译码输入只用了 5 根地址线,输出分别给 CTC,2 片 8255 和 4 片 DAC0830 共 7 个芯片,其中 CTC 和 8255 每个口有 2 个地址,而 DAC0830 有 8 个地址。该系统的软件设计采用模块化设计,图 7-10 为其主程序框图。

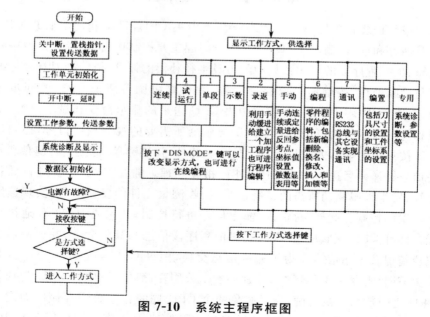

图 7-10　系统主程序框图

第8章 典型机电一体化系统设计简介

本章对典型机电一体化系统设计进行简要论述内容包括机电一体化系统或产品设计开发的基本方法、设计理念；设计方案的一般步骤与设计的评价。

8.1 工业机器人

8.1.1 工业机器人控制系统硬件组成

1. 工业机器人控制系统流程

对于一个具有高度智能的机器人，它的控制实际上包含了"任务规划"、"动作规划""轨迹规划"和基于规模的"伺服控制"等多个层次，如图8-1所示。机器人首先要通过人机接口获取操作者的指令，指令的形式可以是人的自然语言，或者是由人发出的专用的指令语言（用在大部分服务机器人上），也可以是通过示教工具输入的示教指令（如一般的示教控制机器人），或者键盘输入的机器人指令语言以及计算机程序指令（如大部分工业机器人）。机器人首先要对控制命令进行解释理解，把操作者的命令分解为机器人可以实现的"任务"，这就是任务规划；然后机器人针对各个任务进行动作分解，这是动作规划；为了实现机器人的一系列动作，应该对机器人每个关节的运动进行设计，这是机器人的轨迹规划；最底层为关节运动的伺服控制。

智能化程度越高，规划控制的层次越多，操作就越简单；反之，智能化程度越低，规划控制的层次越少，操作就越复杂。要设计一个具有高度智能的机器人，设计者就要完成从命令理解到关节伺服控制的所有工作，而用户只需要发出简单的操作命令。这对设计者来说是一项艰巨的工作，因为要预知机器人未来的各种工作状态，并且设计出各种状态的解决方案。对智能化程度较低的机器人来说，设计时省却了很多工作，可以把具体的任务命令设计留给不同的用户去做。但这就对用户提出了一些专业上的高要求。

实际应用的机器人，并不一定都具有各个层次的功能。大部分机器人的"任务规划"和"动作规划"是由操作人员完成的，有的甚至连"轨迹规划"

也要由人工编程来实现。一般的机器人,设计者已经完成轨迹规划的工作,因此操作者只要为机器人设定动作和任务即可。由于机器人的任务通常比较专一,为这样的机器人设计任务,对用户来说并不是件困难的事情。

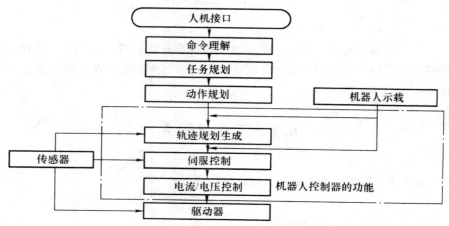

图 8-1 工业机器人控制系统流程框图

2.控制系统应用方案

大部分机器人都采用二级计算机控制。采用该控制方案可使系统结构简单,提高运算速度,保证控制系统的实时性。第一级担负系统监控、作业管理和实时插补任务,由于运算工作量大、数据多,所以大都采用 16 位以上高档微型计算机。第一级运算结果作为伺服位置信号,控制第二级。第二级为各关节的伺服系统,使用几个单片机分别控制几个关节运动,如图 8-2 所示。

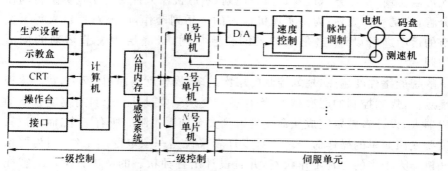

图 8-2 带独立 CPU 的伺服系统

单片机可以使用 8096 或 8097,它具有 ROM 和 RAM 及 12 位 D/A 转换等,使用方便。这是一种软件伺服控制方式,具有较大的灵活性。若不采用单片机,也可以使用单板机或用一台微型计算机分时控制几个关节运动。

3.控制系统硬件组成

机器人控制系统的硬件主要由以下几个部分组成：

（1）传感装置

这类装置主要用以检测工业机器人各关节的位置、速度和加速度等，即感知其本身的状态，可称为内部传感器。而外部传感器就是所谓的视觉、力觉、触觉、听觉、滑觉等传感器，它们可使工业机器人感知工作环境和工作对象的状态；

（2）控制装置

控制装置是处理各种感觉信息，执行控制软件，产生控制指令。一般由一台微型或小型计算机及相应的接口组成；

（3）关节伺服驱动部分

这部分主要是根据控制装置的指令使关节运动。

如图8-3所示为机器人控制系统的一种典型的硬件结构，它是一个两级计算机控制系统。CPU2的作用是进行电流控制；CPU1的作用是进行轨迹计算和伺服控制，以及作为人机接口和与周边装置连接的通信接口。图中所表示的仅是机器人控制器最基本的硬件构成，如果要求硬件结构具有更高的运算速度，那么必须再增加两个CPU，如果要增加能进行浮点运算的微处理器，则需要32位的CPU。

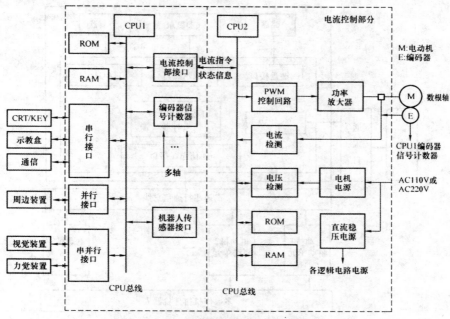

图8-3　机器人控制器的硬件构成

8.1.2　排牙机器人控制系统整体设计

基于多操作机排牙机器人的控制电路板是基于单片机 MSP430F149 的步进电动机的控制单元,与 PC 机构成主从式控制结构。PC 机主要完成人机交互界面的管理、控制系统的监测和控制工作;控制电路板负责运动控制的细节。控制电路板可以控制 50 个步进电动机,可以向每个电动机输出脉冲和方向信号,以控制电动机的运转;同时可外接限位和报警信号、控制电路板对外接信号自动检测并作出相应处理。

所以在用 PC 机和单片机对步进电动机进行开环控制方式时,基本的控制功能有三方面:步进频率、相序、步进计数。

①步进频率:由于步距角一定,所以通过调节步进频率可实现对步进电动机的转动速度的控制;

②相序:保证电动机各相以对应旋转方向所要求的次序实现励磁,确定电动机的转动方向;

③步进计数:记录电动机走过的步数,达到目标位置后禁止再发步进命令。

三种控制功能既能够用软件实现,也可以用硬件电路实现,完整的步进电动机控制器可以由不同的软件和硬件的组合构成。

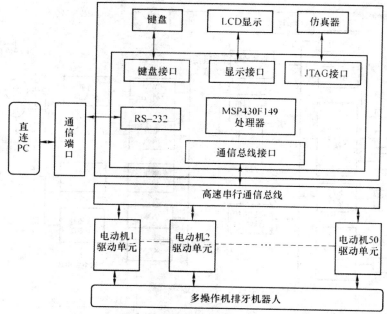

图 8-4　多操作排牙机器人控制系统结构

该控制系统能完成位置控制、速度控制和方向控制。位置控制通过控制脉冲个数实现；速度控制通过控制脉冲的频率实现；方向控制则可以通过改变电动机绕组的励磁相序实现。但是根据全口义齿排牙机器人实际的运行特点，实际的排牙过程对速度没有要求，只要能完成排牙过程即可。所以，对电动机的控制主要是两个方面，一是对电动机的位置控制，另一个是对电动机的方向控制。为了实现用户和系统之间的交互，控制电路中加入显示和按键单元。整个电路的设计思路如图 8-4 所示。

8.1.3　工业机器人的控制系统软件设计

机器人系统由于存在非线性、耦合、时变等特征，完全的硬件控制一般很难使系统达到聂佳状态；或者是，为了追求系统的完善性，会使系统硬件设计十分复杂。而采用软件伺服的办法，往往可以达到较好的效果，而又不增加硬件成本。所谓软件伺服控制，在这里是指刚用计算机软件编程的办法，对机器人控制器进行改进。比如设计一个先进的控制算法，或对系统中的非线性进行补偿等。

一般的机器人控制器软件系统分为上位机软件和下位机软件两部分。上位机软件系统称为 VAL－Ⅰ 机器人编程与控制系统。下位机软件是各关节独立伺服数字控制器系统。上位机的 VAL－Ⅰ 系统包括两部分：一部分是系统软件，即操作系统部分；另一部分是提供给用户使用的系统命令和编程语言部分。

1. 上位机系统软件任务

系统软件是在高性能的 CPU 支持下，以一个实时多任务管理软件为核心，动态地管理下述四项任务的运行，分别为，机器人控制任务；过程控制任务；网络通信控制任务；系统监控任务。

任务调度：方式是按时间片的轮转调度，在固定周期内各任务均可运行一次。这样每个任务的实时性均可得到保证。在执行各任务时，对所有外部中断源的中断申请也可以实时响应。

机器人控制任务主要负责机器人各种运动形式的轨迹规划，坐标变换，以固定时间间隔的轨迹插补点的计算，与下位机的信息交换、执行用户编写的 VAL－Ⅱ 语言机器人作业控制程序、示教盒信息处理、机器人标定、故障检测及异常保护等。

过程控制任务主要负责执行用户编写的 VAL－Ⅱ 语言过程控制程序。过程控制程序中不包含机器人运动控制指令，它主要用于实时地对传感器信息进行处理及相对周边系统进行控制。通过共享变量的方式，过程控制程序可以为机器人控制任务提供数据、条件状态及信息,从而影响和决策机器人控制任务的执行和运动过程。

网络通信任务的作用是当 VAL－Ⅱ 系统由远程监控计算机控制时,将按网络通信协议对通信过程进行控制。通过网络通信任务的运行,过程监控计算机可以像局部终端一样的工作。VAL－Ⅱ 网络通信协议以美国 DEC 公司 DDCM P 协议为基础。构造了四层通信功能层。

系统监控任务主要用于监视用户是否输入系统命令。并对键入的系统命令进行解释处理。它还负责 VAL－Ⅱ 语言程序的编辑处理,以及错误信息显示等。

2.VAL－Ⅱ 程序任务

VAL－Ⅱ 系统运行流程图如 8－5 所示。从流程图可以看出,VAL－Ⅱ 系统的运行就是在"任务调度管理程序"的控制下,反复执行机器人控制任务等若干任务的过程。

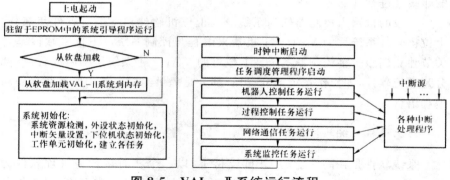

图 8-5　VAL－Ⅱ 系统运行流程

VAL－Ⅱ 任务调度采用轮转调度的方法。在 VAL－Ⅱ 系统初始化时,为每个任务分配了以时钟中断周期为时间单位的时间片,正常的任务调度切换是由时钟中断服务程序进行的。VAL－Ⅱ 系统初始化时建立了一个任务调度表,其结构如图 8-6 所示,同时为各个任务建立了任务控制块(TCB)。任务的执行顺序和执行时间是由任务调度管理程序根据任务调度表进行的。任务控制块(TCB)的结构如图 8-7 所示。当建立一个任务时,在 TCB 中填入任务状态、任务入口、任务用堆栈指针、页面寄存器值等内容;任务切换或挂起时,在 TCB 中填入断点、保存各寄存器内容、挂起队列指针等;任务进入运行态时,则根据 TCB 中保存的现场值恢复现场,进入任务模块。

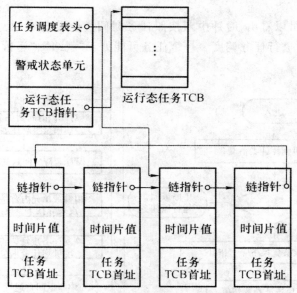

图 8-6　VAL－H 任务管理调度表数据结构

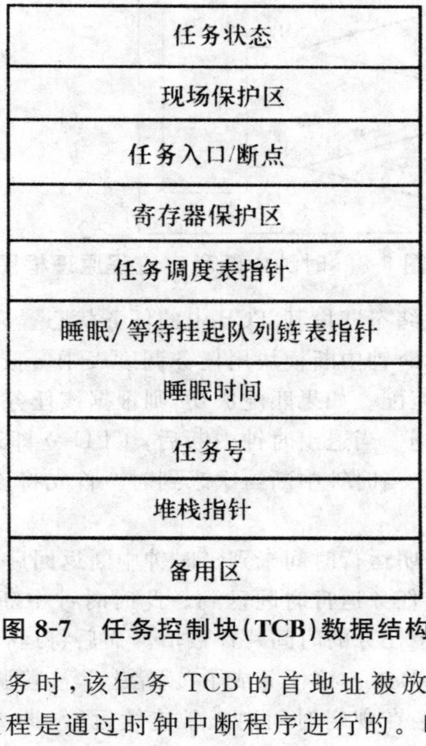

任务状态
现场保护区
任务入口/断点
寄存器保护区
任务调度表指针
睡眠/等待挂起队列链表指针
睡眠时间
任务号
堆栈指针
备用区

图 8-7　任务控制块（TCB）数据结构

　　当建立一个任务时，该任务 TCB 的首地址被放入任务调度表中。正常的任务调度过程是通过时钟中断程序进行的。时间中断程序框图见图 8-8。

从框图可以看出,时钟中断按照任务时间片的分配时间。根据任务调度表和 TCB 进行任务调度。一个任务可能处于"就绪"、"运行"和"挂起"状态之一。

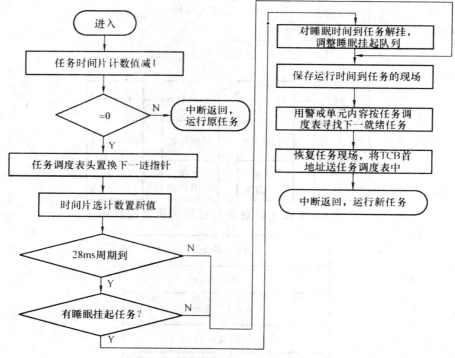

图 8-8 时钟中断程序流程原理框图

当任务处于"就绪态"时,其 TCB 中的任务状态置为"就绪态"值。当进行任务切换调度时,时钟中断模块用任务调度表中警戒单元的内存与 TCB 中的任务状态值相匹配。如果匹配成功,则根据该任务中的 TCB 保存的入口/断点值,恢复现场。当退出时钟中断后,CPU 立即运行这个任务,这个任务成为"运行态"。当时钟中断再次来到时。首先将该任务时间片计数值减 1。

如果不为零,表明运行时间未到。时钟中断返回后继续运行该任务;如果为零,表明分配的任务运行时间已到。此时时钟中断程序将修改任务调度表头并设置下一个任务的时间片计数值。而后将运行时间到的任务现场保存到该任务的 TCB 中。该任务成了"就绪态",接着调度下一个任务投入运行。这就是各任务在规定时间内正常连续运行(即无"挂起"状态产生)时,由中断程序引发任务调度的过程。

8.2　计算机数字控制(CNC)机床设计简介

本节以 BKX－Ⅰ 型变轴计算机数控(CNC)机床为例进行论述。BKX－Ⅰ型变轴计算机数控机床是以 Stewart 平台为基础构成的一种新型并联型机床,由六根伸缩杆带动动平台实现刀具的六个自由度运动,从而实现复杂几何形状表面零件的加工。机床的结构模型如图 8-9 所示。

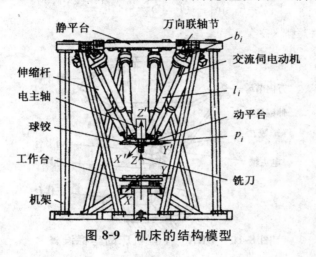

图 8-9　机床的结构模型

1. BKX－Ⅰ的机构原理及其坐标设置

如图 8-10 所示,BKX－Ⅰ机床主要由三部分组成:支架顶部的静平台、装有电主轴的动平台和六根可伸缩的伺服杆,伺服伸缩杆的上端通过万向联轴节与静平台相连接,下端通过球铰与动平台相连接。每个伺服伸缩杆均由各自的伺服电动机,通过同步带与滚珠丝杠传动,带动动平台进行 6 自由度运动,从而改变电主轴端部的刀具相对于工作台上所装工件的相对空间位置,满足加工中刀具轨迹的要求。机床整体结构自封闭,具有较高的刚性。部件设计模块化,易于异地重新安装。

为研究方便,在 BKX－Ⅰ机床的结构模型上建立与动平台固联的动坐标系 $O'-X'Y'Z'$(相对坐标系),在工作台上建立静坐标系 $O-XYZ$(绝对坐标系),如图 8-10 所示。动、静平台均为半正则六边形结构,机床在初始位置时,动静平台俯视图如图 8-11 所示。于是静平台各铰链中心点的绝对坐标 $X_{bi}=(x_{bi},y_{bi},z_{bi})^T$ 可以表示为

$$\begin{cases} x_{bi} = R_b \cos\left[\dfrac{\pi}{3}(i-1) - \dfrac{\theta_{bs}}{2}\right] \\[2mm] y_{bi} = R_b \sin\left[\dfrac{\pi}{3}(i-1) - \dfrac{\theta_{bs}}{2}\right] \quad (i=1,3,5) \\[2mm] z_{bi} = h \end{cases} \tag{8-1}$$

$$\begin{cases} x_{bi} = R_b \cos\left[\dfrac{\pi}{3}(i-2) - \dfrac{\theta_{bs}}{2}\right] \\[2mm] y_{bi} = R_b \sin\left[\dfrac{\pi}{3}(i-2) - \dfrac{\theta_{bs}}{2}\right] \quad (i=2,4,6) \\[2mm] z_{bi} = h \end{cases} \tag{8-2}$$

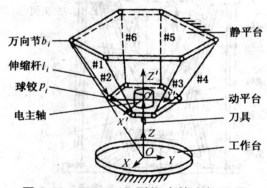

图 8-10　BKX—Ⅰ型机床的坐标设置

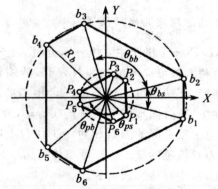

图 8-11　BKX—Ⅰ在初始位置时动静平台俯视图

动平台上铰点的相对坐标 $X_{pi} = (x'_{pi}, y'_{pi}, z'_{pi})^T$ 可以表示为

$$\begin{cases} x'_{pi} = R_p \cos\left[\dfrac{\pi}{3}(i-1) - \dfrac{\theta_{pb}}{2}\right] \\[2mm] y'_{pi} = R_p \sin\left[\dfrac{\pi}{3}(i-1) - \dfrac{\theta_{pb}}{2}\right] \quad (i=1,3,5) \\[2mm] z'_{pi} = 0 \end{cases} \tag{8-3}$$

$$\begin{cases} x'_{\mathrm{pi}} = R_{\mathrm{p}}\cos\left[\dfrac{\pi}{3}(i-2) - \dfrac{\theta_{\mathrm{pb}}}{2}\right] \\[2mm] y'_{\mathrm{pi}} = R_{\mathrm{p}}\sin\left[\dfrac{\pi}{3}(i-2) - \dfrac{\theta_{\mathrm{pb}}}{2}\right] \quad (i=2,4,6) \\[2mm] z'_{\mathrm{pi}} = 0 \end{cases} \qquad (8\text{-}4)$$

式中，R_{b} 为静平台的外接圆半径；R_{p} 为动平台的外接圆半径；θ_{bb} 为静平台长边对应的圆心角；θ_{bs} 为静平台短边对应的圆心角；θ_{pb} 为动平台长边对应的圆心角；θ_{ps} 为动平台短边对应的圆心角；h 为静平台铰联中心点所在的平面到工作台的垂直距离。

　　2.位置分析与姿态描述

　　所谓位置分析就是求解机构的输入和输出之间的位置关系，是机构运动学分析的基本任务，也是速度、加速度、静力学、误差、工作空间和动力学分析以及机构综合的基础。位置分析包括位置正解和位置逆解，位置正解是指已知输入量求解输出位姿，位置逆解是指已知输出位姿求解输入量。对 BKX－Ⅰ机床来说，输入量是六个伺服伸缩杆的长度，输出位姿是动平台的位姿，因此 BKX－Ⅰ机床的位置逆解就是已知动平台位姿，求解对应的各个伺服伸缩杆的长度，这是一组解耦的非线性方程，可用显式的数学表达式描述，从控制的角度来讲这是十分有利的。但是 BKX－Ⅰ机床的位置正解非常复杂，需要求解非线性强耦合的方程组，而且解的结果不唯一，为测量和误差补偿带来了很大困难。这里首先给出 BKX－Ⅰ机床的动平台位姿描述方法，并结合具体加工中给定的刀具位姿，得出由刀具位姿求解动平台位姿的方法。最后给出位置逆解的显式表达方法。

　　把动平台看作一个刚体，其位置可以用动平台中心在绝对坐标系中的坐标 $X_{o'} = (x_{o'}, y_{o'}, z_{o'})^{T}$ 来描述，而姿态的表示方法有很多，最常用的为旋转矩阵法。旋转矩阵又分为绕固定坐标轴旋转的 RPY 法和绕运动坐标轴旋转的欧拉角法，这些方法的特点在于：以一定的顺序绕不连续重复的坐标轴旋转三次得到姿态的描述。基本的旋转矩阵表示为

$$\left. \begin{aligned} &Rot(x,\alpha)\begin{bmatrix} 1 & 0 & 0 \\ 0 & \cos\alpha & -\sin\alpha \\ 0 & \sin\alpha & \cos\alpha \end{bmatrix} \\[2mm] &Rot(y,\beta)\begin{bmatrix} \cos\beta & 0 & \sin\beta \\ 0 & 1 & 0 \\ -\sin\beta & 0 & \cos\beta \end{bmatrix} \\[2mm] &Rot(z,\gamma)\begin{bmatrix} \cos\gamma & -\sin\gamma & 0 \\ \sin\gamma & \cos\gamma & 0 \\ 0 & 0 & 1 \end{bmatrix} \end{aligned} \right\} \qquad (8\text{-}5)$$

　　旋转矩阵就是由这三个基本矩阵相乘得到的,在 RPY 法中按旋转顺序对基本矩阵左乘,在欧拉角法中按旋转顺序对基本矩阵右乘。RPY 法与欧拉角法是对偶的,各有 12 种,如何选择取决于个人的习惯以及研究的方便。但无论采取何种方法,动平台的姿态都可由三个姿态角 $\Omega = (\alpha, \beta, \gamma)^T$ 来描述。综上所述,动平台的位姿可由 $X_{o'}$ 和 Ω 中的六个参量来完整地表示。

3. 刀具位姿到动平台位姿的转化

　　通常在轨迹规划中给定的是刀尖位置 $X_t = (x_t, y_t, z_t)^T$ 和刀轴方向矢量 $N_t = (n_{tx}, n_{ty}, n_{tz})^T$。由于电主轴与动平台固定连接,且垂直于动平台,因此 $X_{o'}$ 和 Ω 可以用 X_t 和 N_t 来表示。动平台中心与刀尖位于刀轴矢量的两端,可直接建立二者之间的关系:

$$X_{o'} = X_t + l_t N_t \tag{8-6}$$

式中,l_t 为刀轴(O' 至刀尖)的长度。

　　由刀轴姿态 N_t 求解动平台的姿态 Ω。假设动平台姿态由 $Z-X-Z$ 欧拉角来表示,即动平台由初始位置(与绝对坐标系平行)先绕其 z 轴旋转 α,再绕新坐标系的 x' 轴旋转 β,再绕新坐标系的 z'' 轴旋转 γ,旋转过程如图 8-12 所示,三次旋转后形成的旋转矩阵可以表示为:

$$
\begin{aligned}
R &= Rot(z, \alpha) Rot(x, \beta) Rot(z, \gamma) \\
&= \begin{bmatrix} \cos\alpha & -\sin\alpha & 0 \\ \sin\alpha & \cos\alpha & 0 \\ 0 & 0 & 1 \end{bmatrix} \begin{bmatrix} 1 & 0 & 0 \\ 0 & \cos\beta & -\sin\beta \\ 0 & \sin\beta & \cos\beta \end{bmatrix} \begin{bmatrix} \cos\gamma & -\sin\gamma & 0 \\ \sin\gamma & \cos\gamma & 0 \\ 0 & 0 & 1 \end{bmatrix} \\
&= \begin{bmatrix} \cos\alpha\cos\gamma - \sin\alpha\cos\beta\sin\gamma & -\cos\alpha\sin\gamma - \sin\alpha\cos\beta\cos\gamma & \sin\alpha\sin\beta \\ \sin\alpha\cos\gamma + \cos\alpha\cos\beta\sin\gamma & -\sin\alpha\sin\gamma + \cos\alpha\cos\beta\cos\gamma & -\cos\alpha\sin\beta \\ \sin\beta\sin\gamma & \sin\beta\sin\gamma & \cos\beta \end{bmatrix}
\end{aligned}
$$

$$\tag{8-7}$$

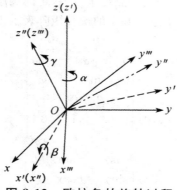

图 8-12　欧拉角的旋转过程

　　该矩阵的物理含义为:每一列分别表示动平台坐标系的 Z',Y',Z'轴在绝对坐标系中的投影。由于刀具的方向与 Z' 一致,因此由 $R(1,3)=$ $[\sin\alpha\sin\beta,-\cos\alpha\sin\beta,\cos\beta]^T=[n_{tx},n_{ty},n_{tz}]^T$可得到三个方程

$$
\begin{cases}
\sin\alpha\sin\beta=n_{tx} \\
-\cos\alpha\sin\beta=n_{ty} \\
\cos\beta=n_{tz}
\end{cases}
\tag{8-8}
$$

　　由式(8-8)便可求出 Ω 中的 α 和 β,剩下的就是姿态角 γ 如何确定,实际上在刀具的三个姿态变量 $n_{tx}^2+n_{ty}^2+n_{tz}^2=1$ 中有,即式(8-8)中只有两个变量是独立的,γ 理论上可以取满足约束条件的任意值。由于实际加工中所用的刀具都是旋转体,因此动平台没有必要自转,下面的问题就是如何选择这三个角度才能保证动平台不自转。尽管旋转矩阵是经过三次旋转变换得来的,但还可以绕等效旋转轴的等效旋转来表示。动平台不自转的充要条件是其等效旋转轴 k 必与 $X-Y$ 平面平行,即 k 与 Z 与垂直,假设 Z 轴的单位矢量为 e_3,则等效转轴为 $k=\dfrac{e_3\times N_t}{|e_3\times N_t|}$,等效转角为 $\varphi=\arccos$ $(N_t\cdot e_3)$,等效旋转图解如图 8-13 所示。

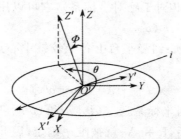

图 8-13　动平台等效旋转示意图

　　图 8-13 中,θ 为刀具方向矢量在 $X-Y$ 平面上的投影矢量的极角,$\theta=$ $\arctan2(n_{tx},n_{ty})$。经过等效旋转后的旋转矩阵为:

$$
R'=Rot(k,\beta)=\begin{bmatrix}
\sin^2\theta(1-\cos\varphi)+\cos\varphi & -\sin\theta\cos\theta(1-\cos\varphi) & \cos\theta\sin\varphi \\
-\sin\theta\cos\theta(1-\cos\varphi) & \cos^2\theta(1-\cos\varphi)+\cos\varphi & \sin\theta\sin\varphi \\
-\cos\theta\sin\varphi & -\sin\theta\sin\varphi & \cos\varphi
\end{bmatrix}
\tag{8-9}
$$

由于动平台只能在 1、2、3、4 卦限活动,所以对有关角度做如下范围限制 $0\leqslant$ $\varphi<\dfrac{\pi}{2}$,$0\leqslant\beta<\dfrac{\pi}{2}$,$0\leqslant\theta\leqslant2\pi$。

　　根据 $R(3,3)=R'(3,3)$ 得 $\cos\beta=\cos\varphi$,故

$$
\beta=\varphi
\tag{8-10}
$$

由 $R(1,3)=R'(1,3)$ 得 $\sin\alpha=\cos\theta$，$R(2,3)=R'(2,3)$ 得 $\cos\alpha=-\sin\theta$，故

$$\alpha=\frac{\pi}{2}+\theta \tag{8-11}$$

由 $R(3,1)=R'(3,1)$ 得 $\sin\gamma=-\cos\theta$，$R(3,2)=R'(3,2)$ 得 $\cos\gamma=-\sin\theta$，故

$$\gamma=-\left(\frac{\pi}{2}+\theta\right)=-\alpha \tag{8-12}$$

式(8-6)~式(8-10)便是动平台不自转时，由刀具位姿求解动平台位姿的过程，从中可以发现动平台不自转的条件为 $\gamma=-\alpha$。

4. 位置逆解

由图 8-9 可看出，杆长矢量可以表示为

$$l_i=l_i\cdot n_i=r_{o'}+o'p_i-ob_i, i=1,2,\cdots,6 \tag{8-13}$$

这里 l_i 为杆长，$n_i=(n_{ix},n_{iy},n_{iz})^T$ 为杆长的单位方向矢量，$r_{o'}=(x_{o'},y_{o'},z_{o'})^T$ 为动平台中心点的位置矢量，$o'p_i$ 代表动平台中心到其上各个铰链中心点的矢量（相对于绝对坐标系），它可以用动平台的旋转矩阵和相对矢量表示，即 $o'p_i=R(o'p_i)$。

$o'p_i$ 代表工作台中心到静平台上各个铰链中心点的矢量，所以杆长可以表示为

$$l_i=|r_{o'}+o'p_i-ob_i| \tag{8-14}$$

在机构参数和绝对坐标系选定后 $o'p_i$ 和 ob_i 就可以确定。当刀具位姿（动平台位姿）被确定后，R 和 $X_{o'}$ 就被唯一确定，因此并联机构的位置逆解具有唯一性，但它与刀具的位姿之间仍然是非线性关系。

5. BKX—Ⅰ机床计算机数控(CNC)系统原理

在其机械系统中，数控加工所需的刀具运动轴 X、Y、Z、A、B、C 并不真正存在，不能对其直接控制，而直接可控的为关节空间六个伺服杆的伸缩长度 l_i。伺服杆的伸缩将改变动平台在操作空间的位姿，从而实现给定的加工任务。图 8-9 中 $O-XYZ$ 为与工作台固联的参考坐标系，$O'-X'Y'Z'$ 为与动平台固联的相对坐标系。动平台在工作空间中的位置用其中心点的坐标 $(x_{o'},y_{o'},z_{o'})$ 表示，姿态用 $Z-X-Z$ 欧拉角矩阵描述。利用 BKX—Ⅰ 的逆运动学，l_i 可以用 $(x_{o'},y_{o'},z_{o'})$ 和 (α,β,γ) 显式表示

$$l_i=|P_iB_i|=|X_{bi}-(RX'_{pi}+X_{o'})|$$

式中，X_{bi} 为静平台上铰链中心点的参考坐标；X'_{pi} 为动平台上铰链中心点

的相对坐标；R 为由 α,β,γ 表示的姿态矩阵；X_o 为动平台中心的参考坐标。

　　由于 l_i 与操作空间中的六个运动自由度之间是非线性关系，无法直接使用现有数控算法。为解决此问题，采用"工业 PC＋DSP"的主从式控制策略，即工业 PC 作为主机，在操作空间对刀具轨迹进行规划，求出一系列的刀位数据，并通过逆运动学将其映射为关节空间的伸缩杆长，而 DSP 作为从机，对关节空间的离散点列做进一步的密化并驱动执行机构实施，其控制系统原理如图 8-14 所示，图 8-15 为 BKX－Ⅰ型变轴数控机床的控制系统的功能模块图。

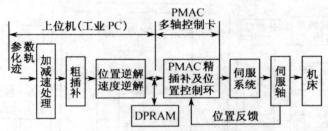

图 8-14　BKX－Ⅰ型变轴数控机床的数控系统原理

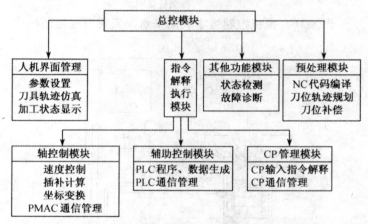

图 8-15　BKX－Ⅰ型变轴数控机床的控制系统功能模块图

8.3　汽车的机电一体化

8.3.1　数字式电子点火系统

机械式点火系统由于机械系统的滞后效应、磨损以及装置本身的机械记忆量等因素的影响,不能保证发动机点火时刻处于最佳值,因此需要数字控制装置取代机械式点火提前装置。数字式电子点火系统应满足下述要求:①能在整个转速范围内提供点火所需的定值点火能量,即足够的点火电压和跳火持续时间。②在不同负荷和转速条件下,能为发动机提供最佳点火时间。特别是在小负荷时能提供较大的点火提前角。③能把点火提前到发动机刚好不致于发生爆震的范围。数字式电子点火系统一般由传感器、A/D转换器、微型计算机及点火控制器等部分组成,其原理框图如图8-16所示。

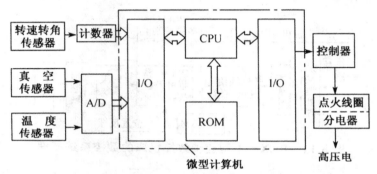

图 8-16   微机控制数字式电子点火系统原理框图

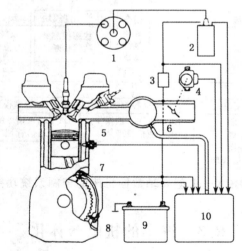

图 8-17   第一代数字式点火系统实装原理

1—分电器;2—点火线圈;3—点火开关;4—节气门电位器;
5—温度传感器;6—发动机负荷传感器;7—基准标记传感器;
8—发动机转速传感器;9—蓄电池;10—电子控制组件

图 8-17 为第一代数字点火系统框图。点火提前装置除能适应发动机转速控制初级线圈通电时间外，还可以通过电子手段调整点火提前角。它的一个存储片储存能根据这些数据给出某一工况下的最佳点火提前角，使发动机在功率、经济性、加速性和排放控制方面达到最佳。影响点火提前角的两个主要因素是：发动机转速和发动机负荷。图 8-18 显示的是输入存储片的一个标准三维点火特性曲线图。图中三个轴分别代表发动机转速、点火提前角和发动机负荷。如已知转速和负荷就可以从图中找出相应的最佳的点火提前角。在标准的特性图中，发动机负荷轴分为 16 个节气门位置，发动机转速轴有 16 个位置。因而可得到 16×16，即 256 个点火提前角调整点。装在控制组件中的微机需要三个基本输入信号，就能从储存的特性图中检索出正确的点火时间，据以触发火花塞跳火。这些信号是有关发动机转速、发动机曲轴位置和发动机负荷的数据信号。后者可通过进气管的真空度或节气门的位置标定。通常先由模拟传感器取得这些信息，然后以电信号传送给控制组件，由 A/D 转换器转换成数字数据。

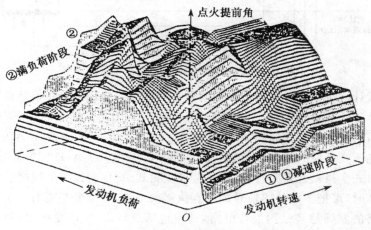

图 8-18　点火提前角三维控制图

图 8-19 是微机控制的多环路控制系统。该系统具有爆震传感检测环路、温度检测环路，及其他控制环路。到底是把微处理器控制的环路集中在一起好呢，还是一个微处理器只控制几个随动环路呢，或者用一个中央处理器(CPU)进行控制好呢，说法不一，但图中包括的基本要点均是不可缺少的。

底盘接地是汽车行业的惯例，因此，目前的控制系统中，每个传感器都配有自己的单芯或双芯高电平模拟信号专用电缆，然后把它们集中起来进行传输。由于控制环路不断地增加，区分传感器和电气配线就令人十分苦恼。因此需要解决传输系统合理化的问题。比如时域模拟输出传感器的标准化等。

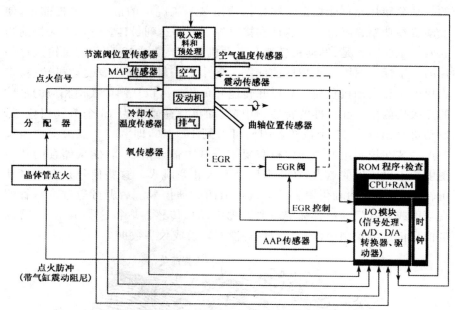

图 8-19　微机控制约多环路点火控制系统

设计微机系统时可采用多种信号变换方法。曲轴位置和发动机转速由时钟脉冲计数得到,为保证长期准确度,必须采用晶体稳频时钟(兼作微机时钟),角度内插至少需要 11 位的精度。为不产生附加误差,MAP 传感器输出电压变换(在 3:1 动态范围达 1%)需要 9~10 位 A/D 变换器,通常采用双斜式变换器。多路传输时,应考虑双斜式 A/D 变换器的速度。精度要求较低时,可把多路传感信号加到 8 位逐次逼近 A/D 变换芯片上。I/O 接口电路的发展趋势是用混合电路,其中包括双斜式 A/D 变换器,单片逐次逼近 A/D 变换器,输出驱动电路,D/A 变换器及微机控制缓冲寄存器。缓冲寄存器有一个独立的只读存储器芯片(ROM),其上存有适于某一特定汽车型号和发动机的固定程序和换算常数。目前在高级轿车上应用的数字点火系统已得到极大的改进。其适应性和控制能力都已达到前所未有的程度。在微机 ROM 中存有约五百万个数据,可针对发动机的不同工况对点火参数做出全面调整。

8.3.2　电子控制的自动变速器

自动变速器是为降低变速器的功率损耗、提高动力传递系统的有效功率、增加变速挡数以适应汽车行驶条件的最佳速比、实现汽车的省能、省力、安全、舒适之目的而出现的。

图 8-20 为以电子控制实现变速器自动换挡的程序控制原理框图。

发动机的工况由各种传感器进行检测,所获得的信息输入到电子控制装置进行处理,并根据换挡信息,程序开关及自动跳合开关的信息,由电子控制装置选择满足行驶条件的最佳挡位信息、并被变换为控制电一液执行元件的液压变量来控制换挡。在换挡过程中,电子控制装置不仅由电一液压力调节器来控制作用于变速器摩擦片上的压力,而且还可通过发动机控制系统来降低发动机输出转矩,故在冷车状态也能平稳地换挡。自动变速器有两套控制程序,一是最大动力因数程序,二是最大油耗经济性程序,由程序开关进行程序选择。其中对于进一步提高油耗经济性的方法是采用电子控制的锁止液力变矩器。自动变速器的监测电路可对系统电子控制装置进行自检及失效监测,即在行驶前,对所有电路自动进行检测,车子起动后,报警灯处于熄灭状态,说明其功能正常;否则,系统存有故障,自动变速器进入非电控程序状态,此时,虽然已失去电子控制的优化功能,但是变速器仍能进行工作。

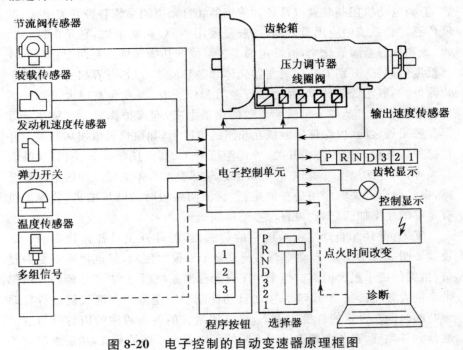

图 8-20　电子控制的自动变速器原理框图

日美西德等发达国家,为了占领国际市场而不断提高汽车的性能/价格比,其主要手段是通过各种传感器获取必要信息.从而实现汽车的机电一体化。

我国的汽车工业面临激烈竞争局面。为了提高竞争能力,应加速汽车用传感器的发展,在上批量的同时,还要使汽车在性能上了一个新台阶。发达国家的实践证明,政府制定的限制油耗和排气污染的政策法规,不仅保护了环境,还有力地推动了传感检测技术的发展。这也是值得我国借鉴的。

8.3.3　汽车自动空调系统

汽车的空调系统,经过不断发展、元件的改进、功能的完善和电子化,最终发展成为自动空调系统。自动空调系统的特点为:空气流动的路线和方向可以自动调节,并迅速达到所需的最佳温度;在天气不是燥热时,使用设置的"经济挡"控制,使空压机关掉,但仍有新鲜空气进入车内,既保证一定舒适性要求,又节省制冷系统燃料,具有自动诊断功能,迅速查出空调系统存在"曾经"出现过的故障,给检测维修带来极大方便。

图 8-21 为自动空调系统框图。它由操纵指示(显示)装置、控制调节装置、空调电动机控制装置以及各种传感器和自动空调系统各种开关组成;温度传感器是系统中应用最多的,一般是采用 NTC 热敏电阻,它是由锰、钴、镍、铟和钛等金属氧化物,按特定的工艺制成的热敏元件。有两个相同的外部温度传感器,分别安装在蒸发器壳体和散热器罩背后,计算机感知这两个检测值,一般用低值计算,因为在行驶时和停止时,温度会有很大差别。高压传感器实际上是一个负温度系数的热敏电阻,起保护作用。它装在冷凝器和膨胀阀之间,以保证压缩机在超压的情况下,如散热风扇损坏时关闭并被保护。各种开关如防霜开关、外部温度开关、高低压保护开关、自动跳合开关等,当外部温度 T≤5℃时。可通过外部温度开关关断压缩机电磁离合器,自动跳合开关的作用是在加速、急踩油门踏板时关断压缩机,使发动机有足够的功率加速,然后再自动接通压缩机。

某 Audi 轿车自动空调系统中的传感器,各种开关及各种装置的安装位置如图 8-22 所示。自动空调系统无疑带来很大便利,但也使系统更为复杂,给维修带来很大困难。但采用了自动诊断系统后,给查找故障和维修都带来极大方便。某 Audi 车采用的自动诊断系统是采用频道代码进行自动诊断的。即在设定的自检方式下,将空调系统的各需检测的内容分门别类地分到各频道,在各个频道里用不同的代码表示不同的意义,然后查阅有关的专用手册,便可确定系统各部件的状态。

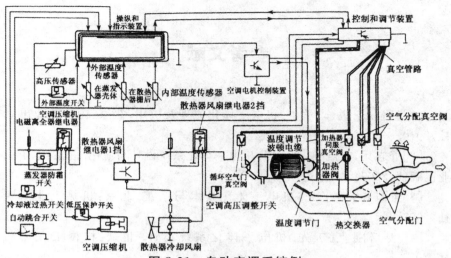

图 8-21　自动空调系统例

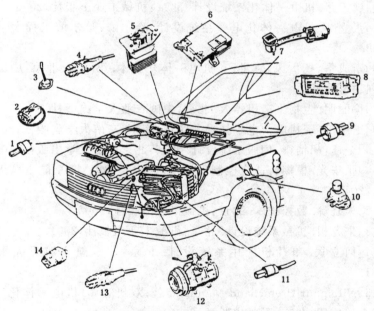

图 8-22　自动空调系统元件安装位置示意图

1—低压保护开关；2—防霜开关；3—外部温度开关；

4—安装在蒸发器壳体上的外部温度传感器；5—空调电动机控制装置；

6—控制和调节装置；7—内部温度传感器；8—操纵机构；9—高压传感器；

10—自动跳合开关；11—高压保护开关；12—压缩机；

13—安装在散热器栅处的外部温度传感器；14—水温传感器

参考文献

[1]吕强,李锐,李学生.机电一体化原理及应用.北京:国防工业出版社,2010.

[2]舒志兵,曾孟雄,卜云峰.机电一体化系统设计与应用.北京:电子工业出版社,2007.

[3]梁景凯,盖玉先.机电一体化技术与系统.北京:机械工业出版社,2007.

[4]姜培刚,盖玉先.机电一体化系统设计.北京:机械工业出版社,2003.

[5]魏天路.机电一体化系统设计.北京:机械工业出版社,2006.

[6]张立勋.机电一体化电气系统设计.哈尔滨:哈尔滨工程大学出版社,2008.

[7]李成华,杨世凤,袁洪印.机电一体化技术.第2版.北京:中国农业大学出版社,2008.

[8]徐丽明.生物生产机器人.北京:中国农业大学出版社,2009.

[9]王维平.现代电力电子技术及应用.南京:东南大学出版社,2001.

[10]金钰,胡桔德.伺服系统设计.北京:北京理工大学出版社,2000.

[11]张华光.模糊自适应控制理论及其应用.北京:北京航空航天大学出版社,2011.

[12]朱晓春.数控技术.北京:机械工业出版社,2002.

[13]朱龙根.机械系统设计.北京:机械工业出版社,2001.

[14]何立民.单片机应用系统设计.北京:北京航空航天大学出版社,2011.

[15]Nitaigour Premchand Manhalik 著;双凯等译.机电一体化——原理·概念·应用.北京:科学出版社,2008.